新・生命科学ライブラリ―生物再発見8

ショウジョウバエの再発見
―基礎遺伝学への誘い―

藤川和男 著

サイエンス社

新・生命科学ライブラリ

竹安邦夫・永田恭介 編集

教科書的内容

生命科学 I ―細胞の生化学―
生命科学 II ―生体高分子の物理化学―
生命科学 III ―遺伝学―
　　澤村京一著
生命科学 IV ―遺伝子の構造と機能―
生命科学 V ―生命科学のテクノロジー―

細胞の形とうごき I ―細胞核の生物学―
細胞の形とうごき II ―染色体の生物学―
細胞の形とうごき III ―細胞の接着と形態形成―
細胞の形とうごき IV ―細胞の形と細胞骨格―
細胞の形とうごき V ―細胞の運動と制御―
　　大日方昂著
細胞の形とうごき VI ―細胞の興奮とイオンチャンネル―

細胞が生きるしくみ I ―細胞間のシグナル―
細胞が生きるしくみ II ―細胞内シグナル伝達―
　　金保安則著
細胞が生きるしくみ III ―細胞膜の輸送体―
細胞が生きるしくみ IV ―細胞内膜系の動態―

細胞の運命 I ―真核細胞―
　　山田正篤著
細胞の運命 II ―原核細胞―
細胞の運命 III ―細胞の生死―
　　中西義信著
細胞の運命 IV ―細胞の老化―
　　井出利憲著

統合生命科学 I ―細胞の分化―
　　帯刀益夫著
統合生命科学 II ―免疫―
統合生命科学 III ―神経の生物学―
統合生命科学 IV ―植物の分子生物学―

＊未刊の書名は仮称

トピック的内容

生物再発見
1 再びバクテリアの時代に
2 酵母のライフサイクル
　　菊池韶彦著
3 原生動物
4 細胞性粘菌のサバイバル
　　漆原秀子著
5 イネ
6 ゼブラフィッシュ
7 マウス
8 ショウジョウバエの再発見
　　藤川和男著

ゲノムは語る
1 ゲノム時代の生物学
2 ゲノムが語る生物進化のへそ
3 先祖を探す
4 RNAの生物学

医学とバイオ
1 入門 医工学
　　大島宣雄著
2 遺伝子治療
3 癌
4 生活習慣病の分子生物学
5 ウイルスと生命科学
6 永遠の不死
　　小路武彦編著
7 糖の科学

バイオと技術
1 ビジュアルバイオロジー
　　原口徳子・平岡泰共著
2 タンパク質のアトム
3 ナノバイオ入門
　　嶋本伸雄編
4 タンパク質工学の未来
5 ゲノム創薬
　　野村仁著
6 再生・クローンと再生医療
7 マリンバイオロジー
8 環境

サイエンス社のホームページのご案内
http://www.saiensu.co.jp
ご意見・ご要望は rikei@saiensu.co.jp まで

はじめに

　本書で扱うショウジョウバエは，体長2〜3mmのハエ目（双翅類）の昆虫で，学名は *Drosophila melanogaster*（ドロソフィラ メラノガスター），正式な和名はキイロショウジョウバエである．この虫は，時代も経路も定かでないが，農産物の輸出入など人間の交易活動に伴って，原産地アフリカから世界各地の温暖なところに分布を広げてきたコスモポリタンである．わが国においては，春から秋にかけて，造り酒屋や果物屋などアルコール発酵物があるところでよくみつかる．主食のイーストがいるからである．一般家屋でも，バナナやブドウの皮を放置しておくと，集まることがある．

　しかし，これほど身近な昆虫でも，実際にみた人は少数であろう．それでも，高校で遺伝学を勉強した人ならその名前を知っている．なにしろ，ここ1世紀の遺伝学の発展に貢献してきた生物がショウジョウバエである．とりわけ，遺伝学の世界にこの虫が突如登場してきた1910年以来1930年代末までの遺伝学はこのハエ抜きでは語れない．この間，高校で学ぶ伴性遺伝，染色体説，連鎖と組換え，連鎖地図，唾腺染色体，突然変異の誘発などに関する重要な知見がハエの研究で得られた．

　本書は現在につながる当時のショウジョウバエ遺伝学への入門書である．歴史に名を残している研究者たちの実験法や幸運を紹介しつつ，現代遺伝学の基礎がどのように築かれていったかを4つの章に分けて解説している．

　本書を通して，ショウジョウバエを再発見し，基礎遺伝学の理解が深まれば，著者のよろこびである．

2010年8月

著　者

目 次

第1章 連鎖地図　1
- 1.1 メンデルの法則 ･･････････････････････････ 2
- 1.2 伴性遺伝 ･･･････････････････････････････ 4
- 1.3 連鎖と組換え ･･･････････････････････････ 12
- 1.4 マラーによる直接的証明 ･････････････････ 22
- 1.5 ブリッジェスによる直接的証明 ･･･････････ 26
- 1.6 4つの連鎖群 ･･･････････････････････････ 36

第2章 交叉と組換え　47
- 2.1 「均等」不分離 ･････････････････････････ 48
- 2.2 付着X染色体 ･･･････････････････････････ 52
- 2.3 付着X染色体による半四分子分析Ⅰ ･･････ 56
- 2.4 付着X染色体による半四分子分析Ⅱ ･･････ 66
- 2.5 四分子分析 ････････････････････････････ 76

第3章 細胞遺伝学　83
- 3.1 異数体 ････････････････････････････････ 84
- 3.2 性決定の遺伝子平衡説 ･･････････････････ 86
- 3.3 遺伝子の再配列と染色体の再配列 ････････ 94
- 3.4 細胞学的地図と転座 ････････････････････ 100
- 3.5 組換えの細胞学的証明 ･･････････････････ 110
- 3.6 唾腺染色体 ････････････････････････････ 120

目　次　　　　　　　　　iii

第4章　自然突然変異と誘発突然変異　　135
- **4.1**　自然突然変異　　　　　　　　　　136
- **4.2**　誘発突然変異　　　　　　　　　　152
- **4.3**　逆位ヘテロ接合体　　　　　　　　164

おわりに　　　　　　　　　　　　　　　　　171
参考文献　　　　　　　　　　　　　　　　　173
索　　引　　　　　　　　　　　　　　　　　177

コラムの見出しについて

| 見出し | のものは，発明や工夫にいたった経緯や実際の実験についてのコラムです． |

| 見出し | のものは，対象となる事がらに関する最新の発見，情報などについてのコラムです． |

| 見出し | のものは，その章の中で顕著な事がらや学問領域を動かしたような実験などについてのコラムです． |

第1章
連鎖地図

- 1.1 メンデルの法則
- 1.2 伴性遺伝
- 1.3 連鎖と組換え
- 1.4 マラーによる直接的証明
- 1.5 ブリッジェスによる直接的証明
- 1.6 4つの連鎖群

1865年，オーストリア(現チェコ共和国)の修道僧メンデルは，長年にわたる**エンドウマメ**の交配実験で発見した遺伝の規則性をブリュン自然研究会の例会で発表し，翌年，その内容を「植物雑種の研究」と題して，同会の会報に論文公表した．現在，**メンデルの法則**と呼ばれている遺伝の規則性の主要部分は**分離の法則**と**独立の法則**である．メンデルが拓いた新たな遺伝学の基礎固めと発展に貢献したのがショウジョウバエ(図1)である．

1.1 メンデルの法則

エンドウマメ　マメ科の1年生植物であるエンドウマメは，自然状態では自家受粉だけで繁殖する．それでも，多くの動物でみられるような近親交配による生存率や繁殖力の低下などの近交弱勢は認められない．また，異なる植物体の間で人為的に他家受粉(人工授粉)させても自家受粉の場合と同様に繁殖できる．

突然変異系統　同じ遺伝的特徴を，代々維持している個体の集まりを系統という．メンデルは，当時知られていたエンドウマメの種皮の色，果皮の色，莢(さや)の形など，このマメを特徴付ける性質(形質)の突然変異体を7系統集めて，それらが毎代同じ特徴を現すことを確かめた後，交配実験を行った．

分離の法則　彼が発見した遺伝の規則性の1つは「形質の発現は，父親と母親から1つずつ伝わった遺伝子の組み合わせによって決まり，1対の遺伝子は，配偶子形成の際に，別々の細胞に入る」という分離の法則である．後に，遺伝の第一法則といわれるようになった．

独立の法則　第二法則は，「個体で現れている複数の異なる形質を決める複数の遺伝子のペアはそれぞれ，互いに影響することなく(独立に)，分離の法則に従って，次世代に伝わる」という独立の法則である．

無視と再発見　これらの法則は，当時広く信じられていた**混合遺伝**を否定するものであった．しかし，1900年にド・フリースやコレンスらによって再発見されるまで，無視されていた．この間，フレミング(1879)によって染色体が発見され，ワイズマン(1883)によって**獲得形質の遺伝**が否定され，メンデルの

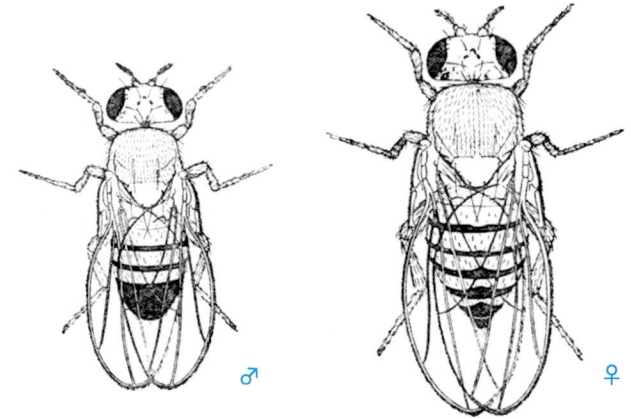

図1　ショウジョウバエの雄（♂）と雌（♀）（モーガン，1919より）
ハエの雌は雄よりも大きい．体の大きさは飼育条件で大きく変わるが，雌の雄に対する相対的サイズは変わらない．良好な飼育条件下では雌の体長は3mm前後である．

19世紀の遺伝学

本文で述べたように，メンデルは新しい遺伝学を拓いた．新しい遺伝学があれば，古い遺伝学があるはずである．それは18世紀半ばから植物雑種の研究を中心に発展してきた19世紀の遺伝学である．雑種研究の流れを継承したメンデルには遺伝の規則性を発見した先駆者がいた．例えば，ゲルトナー（1837）である．彼は，今日からみればメンデルの法則に従う遺伝現象を詳しく報告しているが，遺伝子の発見には至らなかった．彼の興味は新種形成のしくみにあった．これは当時の流行のテーマであって，ダーウィン（1859）の**「種の起源」**もこの流行の中で刊行された．彼も，雑種の研究を行っていた遺伝学者の1人である．2009年は彼の生誕200年．次のコラムで再登場願おう．

　さて，メンデルの法則は，本文中で解説しているように，遺伝子の存在なくしては成立しないものである．彼は遺伝子を発見したのである．彼の法則を中心教義とする新しい遺伝学は，形質の遺伝を予測することを可能にした学問分野である．

法則が受け入れられる土壌が醸成されていた．

新たな問い　再発見後短期間で，メンデルの法則は，いろいろな動植物で成立することが明らかにされ，やがて，遺伝子の実存が広く認められるようになった．そして，研究者たちの次なる問いは「遺伝子はどこにあるのか？」となった．

1.2　伴性遺伝

1.2.1　最初の突然変異体

突然変異説　1901年，**オオマツヨイグサ**の交配実験を行っていたド・フリースは，自家受粉させても，他家受粉しても，しばしば新しい型の植物が中間型を経ずに突然出現することから，進化は突然おこるという「突然変異説」を提唱した．この説は，進化は長い時間をかけて徐々に進行するというダーウィンの進化論に真っ向から異を唱え，進化の要因は実験的に解明できる可能性を指摘したものとして，当時，多くの研究者たちの興味を引いた．

白眼雄バエ　ド・フリースの教唆を受けて，ショウジョウバエに**放射線**を照射して，突然変異体を探していた，コロンビア大学の発生学者モーガンは，1910年，多数の赤眼バエの中から白眼の雄バエを1個体みつけた．それは，眼の色だけが変わっていたもので，種を変えるほどの変化ではなかった．

　この白眼雄バエの発見の瞬間は，オペロン説の提唱によって，モノー，ルヴォフとともに，1965年のノーベル生理学・医学賞を受賞したジャコブの言葉を借りれば，「エンドウマメのあと，遺伝学はハエを実験の材料として選んだ」瞬間である．この時から，モーガンの研究室において，**メンデル遺伝**の機構と突然変異の正しい理解が始まった．

新たな材料　ショウジョウバエは身近な小型昆虫であって，室内で大量飼育できる．しかも，室温下での世代時間がわずか2週間である．これらの生物学的特性に目をつけて，モーガンはショウジョウバエを，進化要因の研究材料として，飼育していた．ハエの遺伝学的特性は後からわかった．

1.2 伴性遺伝

混合遺伝とメンデル遺伝

19世紀の遺伝学は，子供の形質は両親の形質の中間型であるという混合遺伝を認めている遺伝学である．混合遺伝のしくみを説明する諸説をまとめて**パンジェネシス説**という．ダーウィン（1867）のパンジェネシス説によれば，父親と母親のそれぞれの体中の細胞が遺伝する粒子（**ジェンミュール**）をつくり，それらが生殖細胞に集まって子供に伝わり，子供の発生過程で，増殖して形質をつくっていく．そして，子供がつくるジェンミュールは両親からきたジェンミュールとは全く別物になる．一方，メンデルの法則に従う遺伝（メンデル遺伝）では，代々伝わるのは不変の遺伝性粒子たる遺伝子である．この1点だけでメンデルの法則は混合遺伝の考えと相容れない．

メンデルの法則の再発見後，混合遺伝を思わせる遺伝現象がみつかった（図2A）．それはオシロイバナの赤花系統と白花系統の雑種植物がピンク色の花を咲かせる現象である．これが混合遺伝のケースであれば，F_2のすべての植物がピンクの花を咲かせるはずである（図2B）．しかし，このような遺伝現象は知られていない．

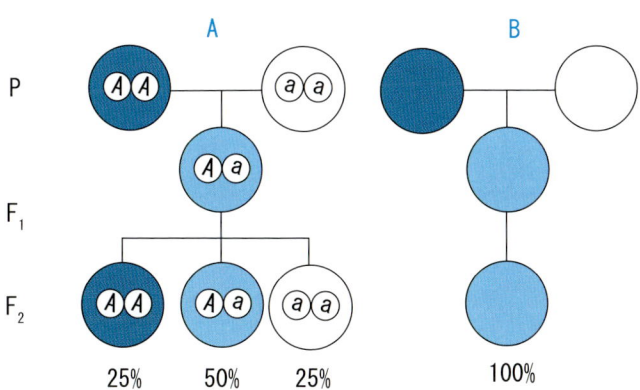

図2 花の色のメンデル遺伝（A）と混合遺伝（B）
図中，P世代では人工授粉を行い，F_1で自家受粉させている．
A：オシロイバナの花の色の遺伝．B：想像図．

1.2.2 最初の交配実験

対立形質と対立遺伝子　ショウジョウバエの赤眼のように本来その生物種がもっている形質が野生型で，白眼のような例外は突然変異形質である．それらは，1個体で同時に表れることはないので野生型と突然変異型は互いに対立する形質である．白眼突然変異体の発見は，白眼をもたらす突然変異遺伝子と突然変異をおこした野生型遺伝子のペアを同時に発見したことになる．このように対立形質に対応する2つの遺伝子の一方を対立遺伝子という．一緒に扱うときは，「1対の対立遺伝子」と表現する．

P 交配　モーガンは，早速，ショウジョウバエの突然変異体第1号を同胞の赤眼雌バエと交配した．異なる遺伝形質を有する同種個体間の交配から得られる子孫を雑種 (F)，雑種をもたらす交配の世代が親世代 (P) である．彼が行ったP世代の交配と得られた雑種第一代 (F_1) は次記の通り：

$$
\begin{array}{ll}
P & \text{赤眼雌} \times \text{白眼雄} \\
F_1 & \text{赤眼雌 \& 赤眼雄 (計1237個体)} \\
& \text{白眼雄 (3個体).}
\end{array}
$$

優性形質と劣性形質　ほとんどすべての F_1 個体の眼色は赤だったので，白眼は赤眼に隠される形質，すなわち劣性形質，赤眼は優性形質であることがわかったが，気になるのは3個体の白眼雄である．モーガンは，それらを新たな突然変異体だろうと無視した．大事の前の小事．この無視は当然であるが，4年後，F_1 の白眼雄のような父親似の息子の出現は，遺伝子は染色体の一部であるというモーガン説 (後述) の正しさを証明する遺伝現象であることが彼の学生の一人ブリッジェスによって報告される．

F_1 交配　モーガンは F_1 の雌雄間で交配を行った．分離の法則に従えば，この交配から得られる雑種第二代 (F_2) で雌雄のいずれでも赤眼と白眼のハエが 3:1 の分離比で得られるはずである．しかし，次に示しているように，F_2 の雌

1.2 伴性遺伝

**モーガンの
ショウジョウバエ**

シャインとローベルの「モーガン」(原書，1976．徳永・田中訳，1981)によれば，ショウジョウバエは，1900年以来，ハーバート大学のウッドワースによって，同系交配の研究のため，飼われていた．彼の勧めで同大学のキャッスルが5年間飼ったが突然変異をみつけることができなかった．キャッスルはカーネギー研究所のルッツに勧めた．ルッツは少なくとも1個体の白眼突然変異体をみつけている．

　1908年，ルッツから，ハエがモーガンに分譲された．モーガンと彼の学生ペインは69代連続して暗黒下でハエを飼育したが，無眼の突然変異は生じていなかった．彼らは，本文で述べたように，放射線の照射実験も行っていた．この実験群で白眼雄バエがみつかった．しかし，白眼突然変異が誘発されたものなのか，ルッツが後に主張したように，彼のハエがもっていたのかはっきりしない．モーガンは放射線によって誘発されたものだと信じていたふしがある．いずれにせよ，白眼のハエがモーガンにみつかったことは遺伝学にとってラッキーなことであった．この点はルッツも認めている．

**白眼突然変異の
本性**

1911年，モーガンの白眼系統からはエオシン色を呈する別の眼色突然変異 w^e (*white-eosin*) がみつかった．当時，これは白眼遺伝子が突然変異をおこしたのか，それとも白眼遺伝子の近隣で生じたのかわからなかったが，間違いなく自然発生したものである．

　1982年，白眼座位の突然変異遺伝子の分子構造が解析された．その結果，白眼遺伝子は，14000塩基対 (14 kbp) の野生型遺伝子のDNAに5 kbpの**トランスポゾン** (DNAのある部位から別の部位へ動くDNA単位) の *Doc* 因子が入り込んで生じたことが明らかになった．エオシン眼遺伝子は，白眼遺伝子の *Doc* 因子内に別のトランスポゾン *pogo* 因子が入り込んで生じたものであった．

　トランスポゾンの挿入突然変異は，ショウジョウバエで自然発生した突然変異の特徴である．放射線はこの種の突然変異を誘発しない (表10参照).

はすべて赤眼で，雄に限って赤眼と白眼が分離して出現した：

F_2　　　赤眼雌 (2459 個体),
　　　　　赤眼雄 (1011 個体),
　　　　　白眼雄 (782 個体).

戻し交配　突然変異体第 1 号は大切に飼われていたようで，モーガンは F_1 の赤眼雌とこのハエの交配を行って，次の結果から，F_1 の赤眼雌が赤眼の遺伝子と白眼の遺伝子の両方をもっていることを確認した．

　　　　　赤眼雌 (129 個体),
　　　　　赤眼雄 (132 個体),
　　　　　白眼雌 (88 個体),
　　　　　白眼雄 (86 個体).

ヘテロ接合体とホモ接合体　上記の F_1 の赤眼雌のように，突然変異遺伝子とその野生型対立遺伝子をもっている個体あるいは細胞をヘテロ (異型) 接合体という．F_1 赤眼雌が産んだ赤眼雌もそうである (図 3B 参照)．対語であるホモ (同型) 接合体は，F_1 赤眼雌が産んだ白眼雌のように，両親から同じ型の遺伝子を受け継いだ個体あるいは細胞を指す．

ヘミ接合体　他方，X 染色体を 1 つしかもっていない雄では，X 染色体の遺伝子 (**伴性遺伝子**) は対となる遺伝子をもっていない．このような個体あるいは細胞をヘミ (半) 接合体という．

1.2.3　伴性遺伝

　当時，ショウジョウバエの雄は体細胞 1 つあたり X 染色体を 1 つ，雌は 2 つもっていることから，X 染色体の数で性が決まると考えられていた．そこで，X 染色体を X とし，赤眼の野生型遺伝子に遺伝子記号 R，白眼遺伝子に W を

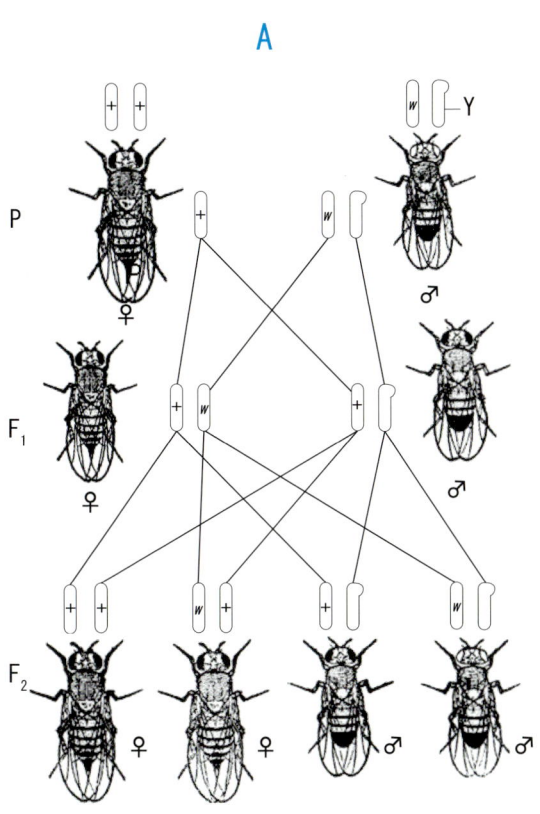

図3 眼色の伴性遺伝(モーガン,1919より)
図中,YはY染色体.遺伝子記号 w は白眼遺伝子(*white*).+は野生型対立遺伝子. A:P世代の雄を白眼にした場合の遺伝.B:雌を白眼にした場合の遺伝.

与え，上記の実験結果を説明するため，モーガンは次の仮説をたてた：

① P世代の赤眼雌の遺伝子とXの組み合わせは$RRXX$である．RとXは不可分である．したがって，雌がつくる卵はすべてRXである．一方，白眼雄の遺伝子とXの組み合わせはWWX，この雄はXをもっている精子 (WX) とXをもっていない精子 (W) をつくる．前者は雌，後者は雄をつくる精子である．

② F_1の赤眼雌は$RWXX$である．この雌がつくる卵はRXとWXである．一方，赤眼雄はRWXである．この雄がつくる精子はRXとWである．

この仮説は交配実験の結果を矛盾無く説明した．その重要なポイントは上記①でRとXが不可分であるとしたところにある．そのため，RはXに伴って遺伝 (伴性遺伝) することが論証できた．

しかし，彼の仮説には問題もある．①の白眼雄をWWX，②の赤眼雄をRWXとしたことである．そのため，XとWは精子形成の際に分かれなければならなかった．①の雄はWX，②の雄はRXでよかったのである．

XとWも不可分であることは白眼雌と赤眼雄の交配から明らかになり，この点はすぐに訂正された．遺伝子記号を現代風にし，1914年に発見されたY染色体を描き入れた眼色の遺伝様式を図3に示している．

遺伝子型と表現型　細胞あるいは個体の遺伝子構成を遺伝子型という．モーガンは前述のように遺伝子記号RとWを使って遺伝子型を示した．遺伝子型で決まる形質が赤眼あるいは白眼などの表現型である．本書では，表現型を明記する場合，大カッコ ([ ]) をつける．

特徴　モーガンは伴性遺伝という新たな遺伝様式を発見したのである．この遺伝様式は，娘には母親と父親からX染色体が1つずつ等しく伝わるが，息子には母親のX染色体しか伝わらないことが特徴づける．そのため，図3のF_1雌の交配相手の雄が赤眼でも白眼でも，F_2雄の半数は白眼で残りの半数は赤眼となる．逆に，F_2雄の表現型から，F_1雌の配偶子の半数が白眼遺伝子，残

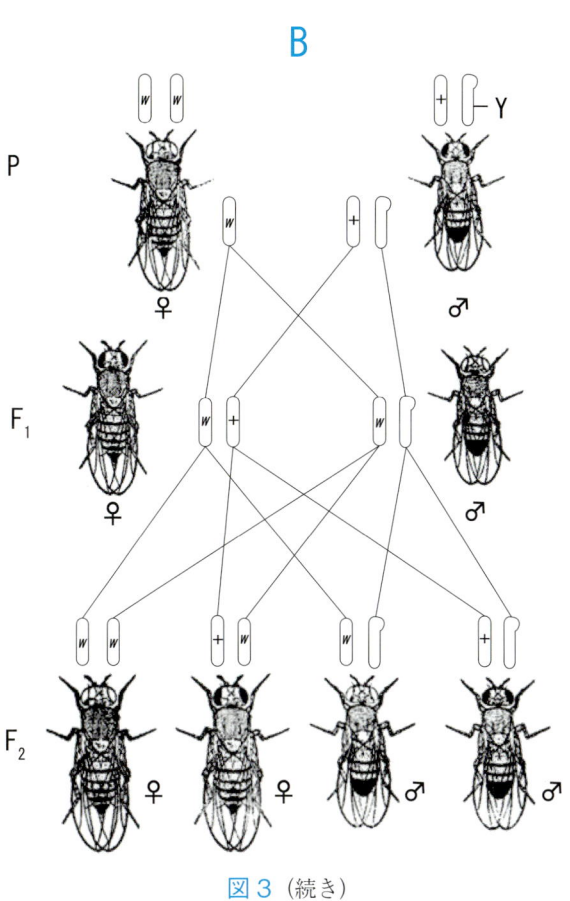

図 3（続き）

りの半数がその野生型対立遺伝子をもっていたことがわかる.

Y 染色体　息子が父親から受け継ぐ性染色体は Y 染色体である．それは，ブリッジェス (1914) が明らかにしたように，生存や形態に関わる遺伝子をもっていないし，X 染色体の遺伝子（伴性遺伝子）の発現にも，雌雄共通の染色体（常染色体）の遺伝子の発現にも影響しない．

1.3　連鎖と組換え

1.3.1　伴性遺伝子の連鎖と組換え

　白眼雄バエの発見後，伴性遺伝する新たな突然変異体がモーガン研究室で次々とみつかった．それらと白眼系統のハエとの交配実験において，ベートソンとパネット (1904) が**スイトピー**の交配実験で発見していた，連鎖と組換えの現象が認められた．

　連鎖とは，メンデルの独立の法則から期待されるよりも高い頻度で 2 つの遺伝子が一緒に次世代に伝わる現象で，組換えは，一緒に遺伝していた 2 つの遺伝子間で連鎖の関係が解消されて，一方の遺伝子がその対立遺伝子に換わる現象を指す．

交配実験　具体例として，P 世代の交配を［黄体色］の雌バエと［白眼］の雄バエの間で行ったモーガンたちの交配実験をみてみよう（図 4）．

　この実験では眼色と体色で遺伝子型を調べることになるので，P 世代の黄体色の雌バエは体色を劣性形質の黄色にする遺伝子 y（*yellow*）に加えて，眼色を野生型にする遺伝子 (+) をホモ接合でもっていることに注目する．同様に，白眼の雄バエは白眼遺伝子 w と体色を野生型の茶褐色にする遺伝子 (+) をヘミ接合でもっていることに注目する．したがって，これらのハエの交配から得た F_1 の雌バエは，体色も眼色も野生型で，眼色の遺伝子についても体色の遺伝子についてもヘテロ接合体（二重ヘテロ接合体）である．父親由来と母親由来の遺伝子を斜線 (/) で分けて表すと，この二重ヘテロ接合体の遺伝子型は (y +/+ w) となる．

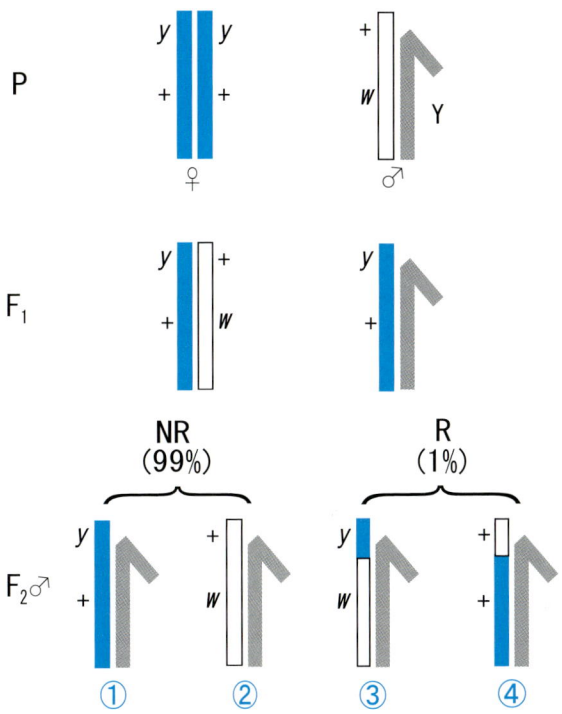

図 4　体色遺伝子と眼色遺伝子の連鎖と組換え
図中，y は黄体色遺伝子，w は白眼遺伝子．+ はそれぞれに対応する野生型遺伝子．Y は Y 染色体．NR は非組換え体．R は組換え体．( ) 内はそれぞれの出現頻度．①〜④の表記は次頁の本文で参照．

連鎖 F_1雌を同胞の雄バエと交配して得られたF_2世代の雄の99%はP世代の表現型と同じ①［黄体色・野生型眼色］と②［野生型体色・白眼］であった．これらは，F_1雌がつくった非組換え型の配偶子の遺伝子型を発現している．①は黄体色遺伝子 y と野生型眼色の遺伝子 +，②は野生型体色の遺伝子 + と白眼遺伝子 w が同じ配偶子に入ったことを示し，体色遺伝子と眼色遺伝子が連鎖している証拠である．

組換え F_2雄の1%は，組換え型の表現型を呈する③［野生型体色・野生型眼色］と④［黄体色・白眼］であった．これらは，F_1雌がつくった組換え型の配偶子の遺伝子型を発現しており，体色遺伝子と眼色遺伝子の連鎖が不完全である証拠である．

相互的組換え 上記の③と④の2型の組換え体の遺伝子型は，一方がわかれば他方がわかる関係にある．このような関係を，DNA二重鎖の一方の塩基配列がわかれば他方の塩基配列がわかる関係と同様に，相補的という．相補的な組換え体をもたらす組換えを相互的組換えという．

1.3.2 「遺伝子の線状配列」説

別の突然変異系統と白眼系統の間で図4と同様な交配実験を行うと，組換えのおこりやすさは遺伝子の組み合わせによって変わることがわかった（表1参照）．

1911年，モーガンは，ベートソンたち（1904）がスイトピーの花の色と花粉の形を決める遺伝子について報告していた連鎖と組換えの現象も，ショウジョウバエでの観察結果も，遺伝子が線状配列して染色体をなしている証拠であると主張して，「**遺伝子の線状配列**」説を提唱した．モーガンの**染色体説**である．この説によると，組換えのおきやすさは，遺伝子間の距離を反映しており，遺伝子の組換えは染色体の組換えによっておこる．

キアズマ型説 モーガンが染色体説を提唱するにあたって，その細胞学的根拠としたのはヤンセンス（1909）のキアズマ型説である．この説は，彼が観察した**サンショウウオ**や報告されている他の生物の減数分裂期の細胞において，対

1.3 連鎖と組換え

> **組換え頻度の上限は50%**
>
> 図5によれば，①1回の交叉は2つの**染色分体**間に限られ，②交叉の結果できる組換え染色体は遺伝子の組換えを伴う．そのため，2つの遺伝子間の組換え頻度の理論的な上限は50%になる．詳しくは，同図(2)の交叉が第一減数分裂の前期細胞のすべてで生ずると（**キアズマ**頻度100%であると），配偶子の遺伝子型と相対比は $AB:Ab:aB:ab = 1:1:1:1$ となり，組換え染色体（Ab と aB）が占める割合（組換え頻度）は50%になる．かといって，50%未満の頻度は「キアズマ型説に従う組換え」の証明にはならない．支持するだけである．この証明には，上記①と②が実験的に証明されなければならない．①を証明した研究を第2章，②を証明した研究を第3章で紹介する．

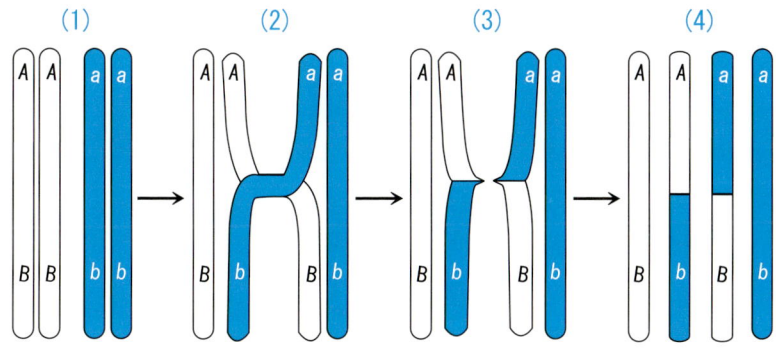

図5 ヤンセンス（1909）のキアズマ型説による染色体組換え（モーガン他，1915を改写）

(1) **姉妹染色分体**に分かれている1対の相同染色体が対合して**二価染色体**（染色分体でいうと**四分子染色体**）を形成している状態．(2) 相同な染色分体間で形成されたキアズマ（交叉）．(3) キアズマ部位で染色分体の切断と交換．(4) 2型の非組換え染色体（遺伝子型，AB と ab）と2型の組換え染色体（Ab と aB）．

合している相同染色体の間で形成される X 字形の交叉部位 (キアズマ) は，染色分体が切断されて，染色分体断片を交換している部位であると唱えている (図5).

1.3.3 完全連鎖

　研究室で次々みつかる突然変異体の中には，その遺伝子が伴性遺伝子と独立に遺伝するものも含まれていた．モーガン (1912) は，そのような遺伝子 *bl* (*black*) のホモ接合体の ［黒体色］ バエと遺伝子 *vg* (*vestigial*) のホモ接合体の ［痕跡翅］ バエの交配を行った．この交配から得た F_1 の雌と雄の二重ヘテロ接合体 (*bl* + / + *vg*) をそれぞれ二重ホモ接合体 (*bl vg* / *bl vg*) の雄と雌と交配した (図6).

第2連鎖群　その結果，F_1 雌の交配 (図6A) では，F_2 世代の約80%が① ［黒体色・正常翅］ と② ［正常体色・痕跡翅］ であった．F_1 雄の交配 (図6B) ではすべてが①と②であった．①は遺伝子 *bl* と一緒に遺伝子 *vg* の野生型対立遺伝子 (+) が次世代に伝わり，②は遺伝子 *bl* の野生型対立遺伝子 (+) と一緒に遺伝子 *vg* が次世代に伝わったことを示す．こうして，2つの突然変異遺伝子 (*bl* と *vg*) が連鎖していることがわかった．

　互いに連鎖している複数の遺伝子を連鎖群という．伴性遺伝子の連鎖群を第1連鎖群として，第2連鎖群の発見である．

完全連鎖　もう1つ発見があった．それは，上記のように，F_1 雌の子孫の一部が組換え体の ［黒体色・痕跡翅］ と ［野生型体色・野生型翅］ (図6A) であったのに対し，雄の子孫では組換え体はまったく出現しなかったことである (図6B). これは雄における遺伝子 *bl* と *vg* の完全連鎖の証拠である．翌年発見された第3連鎖群の遺伝子間でも雄における完全連鎖が認められた．ショウジョウバエの雄の減数分裂では組換えがおこらないという発見である．

組換えの雌雄差　このように組換えが一方の性に限られていることは遺伝研究にとっては好都合な特性であるが，真核生物全体からみると，例外的な現象である．ただし，異型の性染色体構成をもつ性の方で同型の性染色体構成を

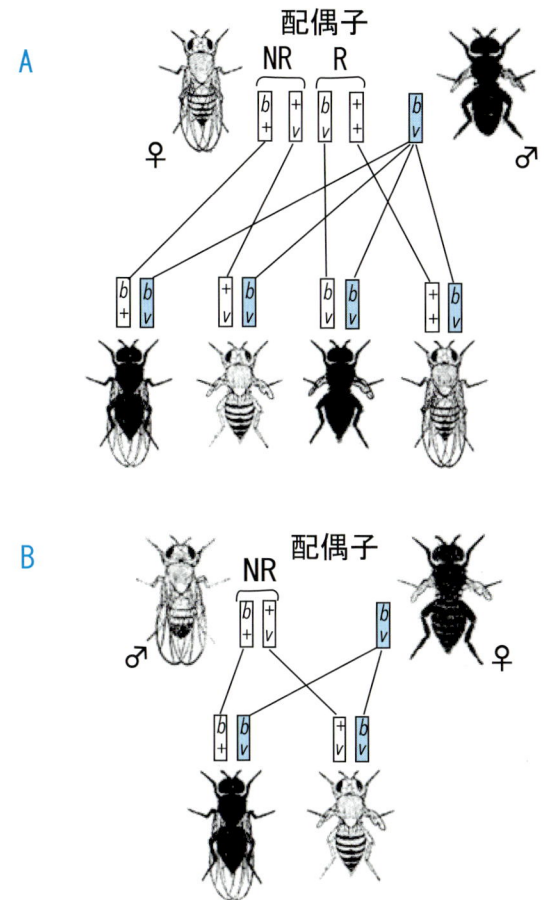

図6 第2連鎖群の遺伝子の雌における不完全連鎖（A）と雄における完全連鎖（B）（モーガン，1919より）

図中，b は黒体色遺伝子 bl，v は痕跡翅遺伝子 vg，+ はそれぞれの野生型対立遺伝子．NRは非組換え体．Rは組換え体．

もつ性よりも，組換え頻度が比較的低いことは知られている．

1.3.4　スターテヴァントの連鎖地図

モーガン研究室における伴性遺伝子の連鎖と組換えの研究成果を，遺伝子間の位置関係を示す地図，すなわち，連鎖地図（遺伝学的地図）として最初に発表したのは，1913年，当時21歳の学生スターテヴァントである．

組換え頻度　彼が2つの遺伝子間の距離の目安として用いたのは，次式から求められる組換え頻度（組換え価）rである．

r（%）={組換え体の数÷（組換え体の数＋非組換え体の数）}×100

彼が組換え頻度の実測値に基づいて作成した連鎖地図では黄体色遺伝子 *y*，白眼遺伝子 *w*，朱色眼遺伝子 *v*（*vermilion*），小型翅遺伝子 *m*（*miniature*）および丸翅遺伝子 *r*（*rudimentary*）の5つの遺伝子がこの順に線状配列している（図7）．

加算法　連鎖の関係を調べる遺伝子 *A*, *B*, *C* の *AB* 間，*BC* 間，*AC* 間で別個に測定した組換え頻度をそれぞれAB，BC，AC，この中で最高頻度をACとすると，スターテヴァントによる遺伝子の線状配列の証明法は，AB + BC = AC となるかどうかを問う方法である．そうなれば，3つの遺伝子は *ABC* あるいは *CBA* の順で直線上に並んでいることを証明する．

実際にスターテヴァントが上述のAB + BC = ACにおける左辺の足し算に用いた組換え頻度の実測値は，① *y w* 間の1.0%，② *w v* 間の29.7%，③ *v m* 間の3.0%，および④ *v r* 間の23.8%である（表1）．彼は，*y* の位置を地図上の基点0.0として，比較的遠く離れている遺伝子間の地図距離を次のような計算値として求め，上記の式のACに相当する組換え頻度の実測値と比較した：

　　y v 間：　①＋② ＝ 30.7%　　　実測頻度 ＝ 32.2%.
　　y m 間：　①＋②＋③ ＝ 33.7%　　実測頻度 ＝ 35.5%.

表1 スターテヴァント（1913）が連鎖地図作成に用いた組換え頻度の実測値

ヘテロ接合体	次世代雄（総数）	組換え体の数	組換え頻度（%）
$y + /+ w$	21736	214	1.0
$y + /+ w^e$	16287	193	1.2
$w + /+ v$	1584	471	29.7
$v + /+ m$	573	17	3.0
$v + /+ r$	405	109	23.8
$y + /+ v$	4551	1464	32.2
$y + /+ m$	324	115	35.5

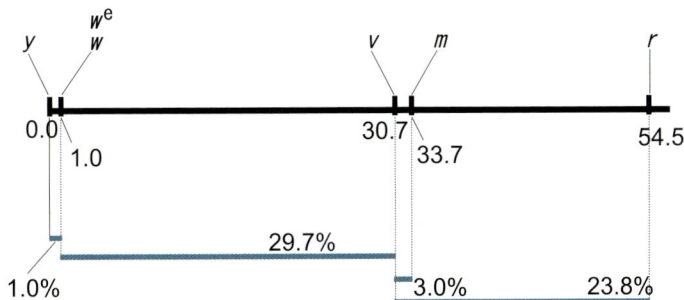

図7 スターテヴァントの連鎖地図（スターテヴァント，1913を改写）

図中の遺伝子記号は本文参照．地図に付けた数値は地図単位．1地図単位は組換え頻度1%，後にホールデン（1919）が提唱した**センチモルガン (cM) 単位**を使うと1 cMと同じ．また，%を付けた数値は連鎖地図作成に用いた組換え頻度の実測値（表1参照）．

yr 間： ① + ② + ④ = 54.5%　　実測頻度 = 37.6%.

その結果，yv 間の計算値も ym 間の計算値も実測頻度とほぼ一致し，$ywvm$ と遺伝子が線状配列していることが証明できた．ところが，yr 間の計算値は実測頻度よりも顕著に高い値であった．

二重組換えと干渉　彼は，この不一致は yr 間で2回の組換え（二重組換え）が生じたため，実測した組換え頻度が実際の距離よりも低くなったと説明した．もちろん，二重組換えは二重ヘテロ接合体を用いる（二点法による）交配実験では検出できない．二点法で検出できるのは1回の交叉（単交叉）による単組換えだけである．二重交叉による二重組換えは，3つ以上の遺伝子のヘテロ接合体を用いないと検出できない（図8）．

彼は三点法による交配実験を行って，yw 間と wr 間で各1回，すなわち，yr 間で二重組換えがおこることを確認している．さらに，別の実験のデータも解析して，ある遺伝子間で組換えがおこると隣接する遺伝子間の組換えが抑制される現象を発見した．この現象は後に干渉と呼ばれるようになった．

座位と地図単位　連鎖地図ができると，それを説明する言葉が必要になった．そこで，地図上での遺伝子の位置を座位（遺伝子座）とし，組換え頻度に基づいて決まった基点0からそこまでの距離を地図単位で示すことになった．例えば，図7では，遺伝子 w の座位は1.0地図単位の位置にある．また，任意の2遺伝子間の距離を地図距離とした．例えば，図7では，遺伝子 v と遺伝子 m の間の地図距離は3.0地図単位 (= 33.7 − 30.7) となる．

複対立遺伝子　図6の連鎖地図には2つの突然変異遺伝子 w と w^e が同じ座位に示されている．これは，次の観察結果に基づいている：

① w と w^e のヘテロ接合体 (w/w^e) が［エオシン眼］を発現した．
② このヘテロ接合体において，w と w^e の間で組換えがおこらず，完全連鎖が認められた．
③ yw 間と yw^e 間の組換え頻度がほぼ一致した（表1）．

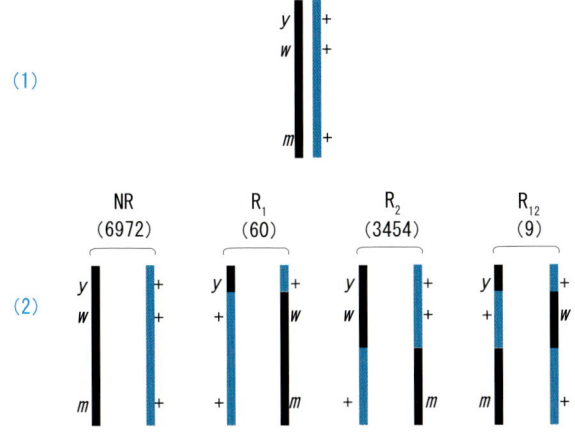

図8 三点交配法による二重組換え検出例

(1) 伴性遺伝子 y, w, m の三重ヘテロ接合体．+ はこれらの突然変異遺伝子の野生型対立遺伝子．(2) 次世代雄の X 染色体と遺伝子構成．NR：非組換え体，R_1：$y\,w$ 間の単組換え体，R_2：$w\,m$ 間の単組換え体，R_{12}：$y\,w$ 間と $w\,m$ 間の二重組換え体．括弧内の数字はスターテヴァント（1913）が記載している次世代雄の実測個体数．

三点交配法による遺伝子配列の決定

図8 の実験で考えてみよう．実験前は遺伝子の並びは不明であるが，組換え体を検出すると，その中で最も少数で互いに相補的な2型の遺伝子型のハエ（R_{12}）が遺伝子の並びは $y\,w\,m$ あるいは $m\,w\,y$ であると教えてくれる．並びがわかれば，組換え頻度を算出することができる．すなわち，R_1, R_2, R_{12} の頻度をそれぞれ r_1, r_2, r_{12} とすると，$y\,m$ 間の組換え頻度 r は，$y\,w$ と $w\,m$ 間の総組換え頻度の和になるので，次式から求めることができる：

$$r = (r_1 + r_{12}) + (r_2 + r_{12}).$$

図中の数値を用いて計算すると，$r_1 + r_{12} = 0.7\%$, $r_2 + r_{12} = 34.0\%$, $r = 34.7\%$ となる．

2つの突然変異遺伝子 w と w^e の野生型対立遺伝子は同じであることがわかったのである．同じ座位に位置する野生型を含む3型以上の対立遺伝子をまとめて，モーガン (1914) は複対立遺伝子と呼んだ．この言葉が現在まで使われている．しかし，本章のエピローグで述べるように，1940年代になると，スターテヴァント (1913) の提唱によって複対立遺伝子の定義となった上記②で例示される対立遺伝子間の完全連鎖の普遍性は否定された．

1.4 マラーによる直接的証明

当時，モーガン研究室の主要メンバーにはスターテヴァントとブリッジェスの他にマラーがいた．1946年に突然変異の人為誘発の功績でノーベル賞を受賞したあのマラーであるが，遺伝子の線状配列の遺伝学的証明における彼の貢献はあまり知られていない．

彼 (1916) は，「交叉の機構」と題した論文で，別々に求めた2遺伝子間の組換え頻度の足し算で連鎖地図を作成するには限界があることを指摘し，遺伝子の線状配列は仮定するものでなく，証明するものであると主張した．

連鎖群間の干渉？ 前ページのコラムで紹介した三点交配法による線状配列の証明法はマラーの考案であるが，彼が実際に採用したのは多点法ともいうべきものであった．彼は，第1連鎖群について11座位12遺伝子，第2連鎖群について10座位10遺伝子の計22遺伝子のヘテロ接合体を作成した．そして，この多重ヘテロ接合体の子孫において2つの連鎖群における組換えを同時に検出する実験を行った．

調べた166個体中，81個体で第1連鎖群の組換え，101個体で第2連鎖群の組換えが検出され，52個体では2つの連鎖群の両方の組換えが認められた．偶然に第1と第2の連鎖群で組換えが同時におこる場合の二重組換え体の出現数の期待値は $(81/166) \times 101 = 49$ である．実測値の52はこの期待値と近似していることから，彼は，第1連鎖群の遺伝子の組換えと第2連鎖群の遺伝子の組換えは互いに影響しあうことなくおこると結論した．そこで，2つの連鎖群の組換えを別個に検出する実験を行うことにした．

表2 マラー（1916）が測定した第1連鎖群の組換え頻度

隣接2遺伝子	単組換え体	二重組換え体	頻度（%）
y-w	7	5	1.7
w-A	8	2	1.4
A-b	15	2	2.4
b-cb	44	8	7.3
cb-v	97	15	15.7
v-m	16	1	2.4
m-s	37	3	5.6
s-r	66	18	11.8
r-f	5	4	1.3
f-B	1	1	0.3
y-B（総和）	296	59	50

表中の数値は，総数712個体のハエの遺伝子型を決めて得られたデータで，各遺伝子間の組換え頻度は単組換え体の数と二重組換え体の数の和をこの数で割って求めたものである．また，二重組換え体の数は，例えば「隣接2遺伝子 y-w」の5は，二重組換えの一方の組換えがこの遺伝子間におきていたことを示すハエが5個体いたことを意味する．

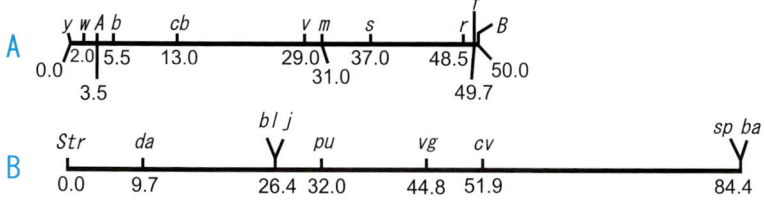

図9 マラーが作成した第1連鎖群（A）と第2連鎖群（B）の連鎖地図（マラー，1916を改写）

直接的証明　彼は，単交叉，二重交叉，そして稀な三重交叉による組換え体の実測頻度に基づいて各遺伝子間の位置関係を決めていった（第1連鎖群の頻度データは表2）．その結果，いずれの連鎖群でも遺伝子は一列に並んだ．まさしく直接的証明である．しかも，第2連鎖群の組換え頻度の総和として求めた連鎖地図のサイズ（84%）は第1連鎖群のサイズ（50%）の1.7倍となった（図9）．これは顕微鏡下で観察できるX染色体に対する常染色体の相対サイズとほぼ一致していた．

二重組換え頻度の実測値（O）　マラーは，図9Aに示している第1連鎖群の連鎖地図上で，連続して並んでいる3遺伝子（以下，ABC）の両端の遺伝子AC間の地図距離に対して，その間の二重組換え頻度の実測値（O）をプロットして，図10Aの実線で示す曲線を得た．このカーブは，AC間の距離が8地図単位までは，①二重組換えがほとんどおこらず，8地図単位を超えると，その頻度は，距離に依存して増加し，距離が20地図単位を超えると，②ほぼ一定になることを示している．ここで，①は該当する遺伝子間では単組換えのみがおきていることを示す．②は，地図距離が遠くなると，遺伝子AB間と遺伝子BC間の領域内部で二重組換えがおこりやすくなることを反映している．

二重組換え頻度の期待値（E）　図10A中の破線は，AB間とBC間の組換え頻度の積を地図距離に対してプロットしたもので，この積の値は，組換えがAB間とBC間で組換えが自由におきている場合に期待される二重組換え頻度（E）である．地図距離が34地図単位付近で一致するまで，破線で示される期待値Eが実線で示されている実測値Oよりも常に高いのは，スターテヴァントが発見した「隣接2領域の一方でおきた組換えは他方の領域の組換えを抑える」現象を確認したものである．マラーはこの現象を干渉と呼んだ．

併発係数（O/E）　彼は干渉の程度を定量するために，それぞれの地図距離で算出したO/Eの値を併発係数Cとして，図10Bの曲線を得た．併発係数Cは二重組換えのおこりやすさを数値化したものである．図中，34地図距離の$C=1$はABとBCの隣接2領域のそれぞれで単組換えが自由におきており，干渉がないことを示す．地図距離8までの$C=0$は，隣接2領域の一方で組換えが

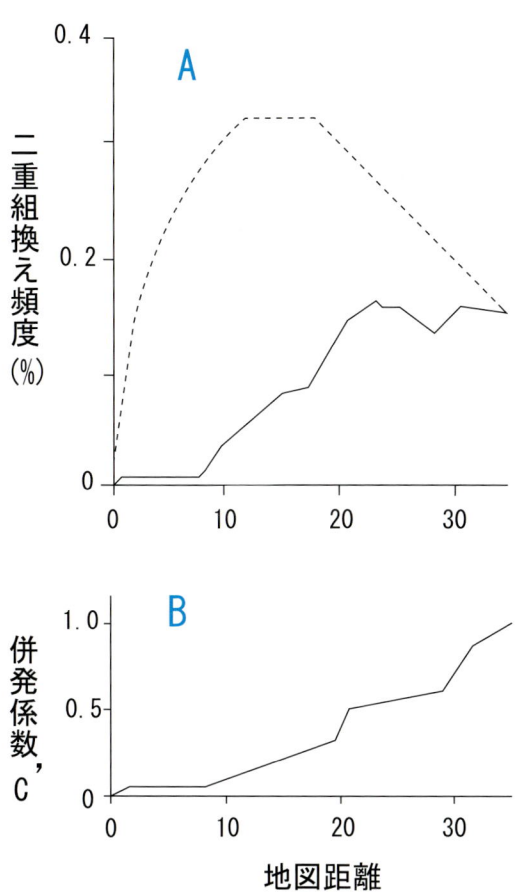

図 10　地図距離と二重組換え頻度（A）および併発係数（B）の関係
（マラー，1916 を改写）

A の実線は実測値 (O)，破線は期待値 (E)（詳細は本文参照），B の実線は O/E．

おこれば，それが他方の組換えを完全に抑えていることを意味し，完全干渉のケースである．すなわち，マラーによれば，干渉 I は次式によって定義できる：

$$I = 1 - C.$$

一般式 併発係数 C を一般式にしてみよう．ABC と並んでいる遺伝子の AB 間，BC 間の単組換え頻度をそれぞれ，r_1, r_2, AC 間の二重組換え実測頻度 (O) を r_{12} とすると，「二重組換え頻度の期待値」(E) は，AB 間の組換え頻度 ($r_1 + r_{12}$) と BC 間の組換え頻度 ($r_2 + r_{12}$) の積が与えるので，C の一般式は次のようになる：

$$C = r_{12} / \{(r_1 + r_{12})(r_2 + r_{12})\}.$$

干渉の計算 図8の遺伝子 y, w, m の組換え実験で得られたデータを用いると，$C = 0.38$ から $I = 0.62$ が得られる．この I 値は1よりかなり低いので，この実験で決まった $y\,w\,m$ の並びにおける $y\,m$ 間の組換え頻度34.7%は地図距離としては正確でない．

キアズマ干渉 スターテヴァント (1913) が発見し，マラー (1916) が併発係数を用いて定義した干渉の現象は，現在までに調べられた限り，1種を除いて，すべての生物種で認められている．また，減数分裂期の染色体観察が容易な生物種においては，干渉は，第一分裂前期細胞において染色体のある部位に生じたキアズマが近くの部位でのキアズマ形成を抑える現象（キアズマ干渉）として広く認められている．しかし，干渉の分子機構は未だに謎である．

1.5 ブリッジェスによる直接的証明

モーガン (1910) は，遺伝子と染色体の遺伝が並行していることから遺伝子と染色体は不可分な関係にあると提唱した (1.2節参照)．もしそうであるな

> **地図関数**
>
> ショウジョウバエと違って，交配実験ができないヒトの場合，家系調査によって，メンデル遺伝する遺伝病の原因遺伝子と血液型などの正常形質の遺伝子の間の単組換えの頻度を求める方法が開発されている．しかし，本文で紹介したマラー（1916）の研究で明らかにされているように，地図距離が遠くなれば，二重組換えが起きやすくなるので，単組換え頻度は地図距離としては使えない場合がある．この問題を克服するのに便利な関数（地図関数）がいくつか考案されている．下図に示しているように，ある関数は干渉 = 0 とし，別の関数はマラーのアイデアを取り入れて，組換え頻度の増加とともに干渉が減少するとしているが，いずれの関数でも 10% までの組換え頻度は地図距離とほぼ一致している．
>
>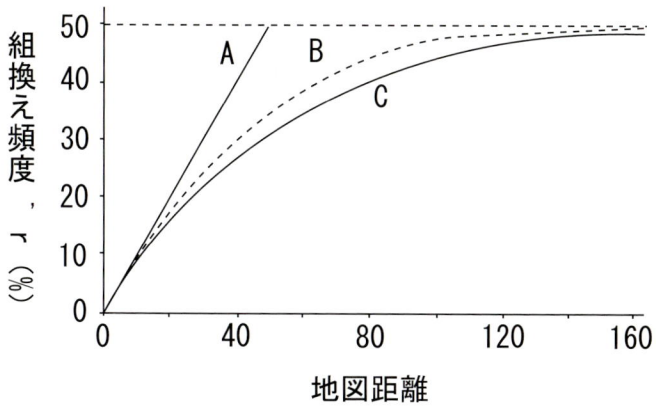
>
> 図 11　地図距離と単組換え頻度（r）の理論的な関係
>
> A は完全干渉（$I = 1$），B は併発係数（$= 1 - I$）と r の正比例関係，C は $I = 0$ を仮定して作図した曲線．

ら，遺伝子の異常な遺伝は染色体の異常な遺伝を伴っているはずである．まさにその通りであることを遺伝学的にも細胞学的にも疑いの余地なく証明したのがブリッジェスによる**不分離**の研究 (1914，1916) である．

1.5.1 遺伝子の不分離と染色体の不分離

不分離とは，配偶子形成の際に，父親由来と母親由来の相同な遺伝子のペアが正常に分離できず，同じ配偶子にはいる遺伝現象に与えたブリッジェス (1913) の造語である．

[不分離] 雌 彼 (1914) は研究室で維持しているいくつかの伴性突然変異の系統の中から父親似と母親似の子孫を合わせて 5% の高頻度でもたらす雌バエをみつけ，これらを [不分離] 雌と呼んだ．この頻度は正常な XX 雌の子孫における同様な例外の出現頻度よりも桁違いに高い．白眼系統からの [不分離] 雌と野生型系統の雄との交配実験の結果を次に示す：

P　　　　白眼 [不分離] 雌 × 赤眼雄
F_1　　　赤眼雌 & 白眼雄 →「期待」クラス (95%)，
　　　　　白眼雌 & 赤眼雄 →「例外」クラス (5%)．

ここで，「期待」クラスのハエは伴性遺伝から期待される表現型と性の組み合わせで，伴性遺伝で説明できないケースが「例外」クラスの白眼の雌バエと赤眼の雄バエである．

遺伝学的検討 (1)　F_1 の「例外」クラスの娘が母親から受け継いだのは白眼の形質だけではなかった．彼女たちを 1 個体ずつ飼育ビンにいれて別系統の赤眼雄と交配すると，すべての個別交配において，「例外」クラスのハエを 5% 前後の頻度でもたらした．この交配から得られたすべての「例外」クラスの白眼雌も，「例外」クラスをほぼ同じ頻度で生んだ．一方，「例外」クラスの赤眼雄を白眼系統の雌と個別交配して得た次世代のハエの中には [不分離] 雌の性質をもつものは全く出現しなかった．

1.5 ブリッジスによる直接的証明

不分離の頻度

白眼[不分離]雌の次世代において,「例外」クラスは X^wX^wY と X^+Y の2型をまとめて5%の頻度だった(本文参照).これは,次のように,一次卵母細胞のX染色体のペアの90%が正常に分離し,10%が不分離を起こした結果だとブリッジス(1914)は説明した:

正常分離(90%): $X^wX^wY \to X^w + X^wY$,
不分離(10%) : $X^wX^wY \to X^wX^w + Y$.

この説明が正しければ,白眼[不分離]雌がつくる卵の染色体構成と割合は,Xが45%,XYも45%,XXは5%,Yも5%となる.この雌と野生型XY雄の交配から得られる受精卵の性染色体構成と遺伝子型は次表の太枠内に示しているように8型に分かれる.この内,成虫まで達して,彼の観察対象となったのは,致死性の染色体構成(XXXとYY)をもつ接合体以外の6型である.これらの致死卵は全体の5%を占める.受精卵の総数を200個とすると,その内10個が致死で残りの190個が生存して成虫になる.この数の成虫の内5個体が「例外」クラスの白眼雌(X^wX^wY)で5個体が「例外」クラスの赤眼雄(X^+Y)である.両者をあわせると5%($\fallingdotseq 10/190$)になる.また,次世代雌の染色体構成に限ると,XX型の出現確率は0.225でXXY型では0.25(= 0.225 + 0.025)とほぼ半々になる.上述の彼の説明は,本文中に記している観察結果と一致する.

表3 白眼[不分離]雌の次世代子孫における各染色体構成の出現確率

♂ \ ♀	0.45 X^w	0.45 $X^w Y$	0.05 $X^w X^w$	0.05 Y
0.5 X^+	0.225 $X^+ X^w$	0.225 $X^+ X^w Y$	0.025 $X^+ X^w X^w$	0.025 $X^+ Y$
0.5 Y	0.225 $X^w Y$	0.225 $X^w YY$	0.025 $X^w X^w Y$	0.025 YY

遺伝学的検討 (2)　F_1 の「期待」クラスの赤眼雌の半数も［不分離］雌の性質を受け継いでいた．これは，彼女たちを個別に［棒状眼］の雄と交配すると，半数が［正常眼］雌を高頻度で産んだ事実から明らかになった．ここで，［棒状眼］は伴性の突然変異遺伝子 B（Bar）の表現型で，優性形質であるため，ヘテロ接合でも［棒状眼］を発現する．この遺伝子をもつ雄バエ（B /Y）と交配すると，期待される次世代の雌バエは［棒状眼］である（図12A）．例外は［正常眼］雌である（図12B）．

遺伝学的検討 (3)　さらに，F_1 の「期待」クラスの白眼雄バエを野生型系統の赤眼雌バエと個別交配すると，彼らのおよそ半数が次世代の雌バエに［不分離］雌の性質を伝えたことがわかった．これはそれぞれの白眼雄バエの娘を個別に B /Y 雄と交配して明らかになった．娘の一部が産んだ雌バエの中に図12Bに示している［正常眼］雌が高頻度でみつかったのである．

　ブリッジェスは，このように複雑な表現型と性の遺伝現象は，次に紹介するように，X染色体の遺伝による現象であることを明らかにした．

細胞学的検討　ハエ目の昆虫における**体細胞対合**を発見したメッツ（1914）と同時期に，ブリッジェスは，ショウジョウバエは雌雄に共通のX染色体と雄特有のY染色体をもつことを発見した（図13）．

　彼は，［不分離］雌は1対のX染色体に加えて，本来雄しかもっていないY染色体をもっているため，不分離をおこしやすくなっているのではないかと考え，［不分離］雌が産んだ雌が蛹になるのを待って，卵巣の細胞（体細胞分裂を行っている生殖細胞系列の細胞）の性染色体を1個体ずつ調べた．その結果，ほぼ半数がXXで，残りがXXYの性染色体構成をもっていた．これで，［不分離］雌はXXYであることがわかった．

　さらに細胞学的検討を加えて，彼は白眼の［不分離］雌の F_1 子孫のそれぞれのクラスの雌と雄が下記のような割合で性染色体構成と遺伝子をもつことを明らかにした．

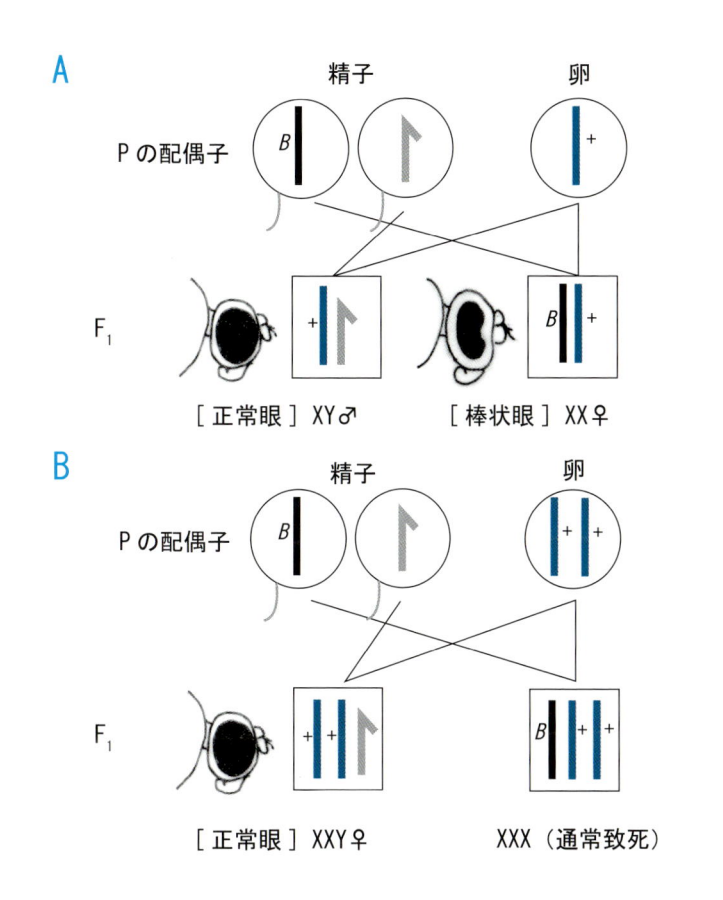

図 12 雌の減数分裂における X 染色体の正常分離（A）と不分離（B）を調べる方法

図中の B は優性の突然変異形質である棒状眼を発現する伴性遺伝子．$+$ はその野生型対立遺伝子．また，F_1 の XXX は通常致死であるので成虫として出現しない．そのため，成虫の F_1 雌が棒状眼であるか非棒状の眼（正常の丸眼）であるかどうかで X 染色体の正常分離と不分離が判別できる．

F_1 の「期待」クラスの赤眼雌：$X^w X^+$（50%）& $X^w X^+ Y$（50%）．

白眼雄：$X^w Y$（50%）& $X^w Y Y$（50%）．

F_1 の「例外」クラスの白眼雌：$X^w X^w Y$（100%）．

赤眼雄：$X^+ Y$（100%）．

ここで，染色体記号 X に付記している w は白眼遺伝子，$+$ は赤眼をもたらす野生型対立遺伝子を指す．

上記「期待クラス」の赤眼 XXY 雌と「例外」クラスの白眼 XXY 雌はすべて，前記の遺伝学的検討 (1) と (2) で明らかにされた，母親から不分離をおこす性質を受け継いでいる娘たちである．

また，「期待」クラスの白眼雄の 50% を占める XYY は，遺伝学的検討 (3) において，母親の性質を F_2 雌の一部に伝えた雄である．彼らがつくる 4 型 (X, YY, XY, Y) の精子の内，XY 型の精子が X 染色体を 1 つもつ正常卵と受精卵をつくると，それは XXY 雌になる．

異数体 ショウジョウバエは二倍体生物であって，その体細胞の染色体数は 8 である．配偶子がもっている染色体の数を n とすると，体細胞は $2n = 8$ と表すことができる．XXY 雌と XYY 雄のように，この正常染色体数から変化した状態を**異数性**といい，異数性の細胞あるいは個体を異数体という．

1.5.2 不分離のメカニズム

[不分離] 雌に関してまだ解明すべき課題が残っていた．それは，XXY 雌の配偶子形成過程で，Y 染色体がどのようにして X 染色体の高頻度不分離をもたらすかである．

XY 対合仮説 ブリッジェス (1916) は，第一減数分裂の前に，Y 染色体は 2 つの X 染色体の一方と対合すると考えた．この XY 対合がおこると，細胞分裂の際に，X 染色体と Y 染色体は分離して，別々の細胞に入る．この時，X 染色体が入った細胞に対合相手がいない状態におかれていた X 染色体が入れば XX 型の卵ができることになる．

1.5 ブリッジスによる直接的証明

♀　　　　♂

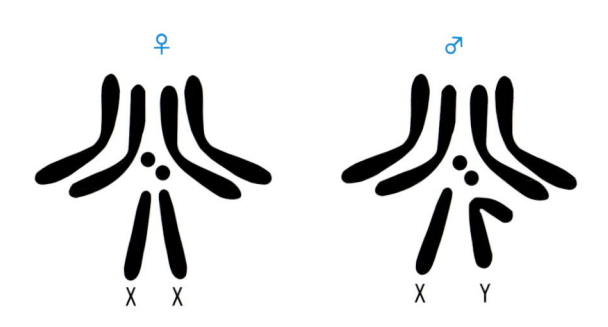

X X　　　X Y

図 13　ショウジョウバエ雌雄の染色体構成（ブリッジス, 1916 より）
図中, X は X 染色体. Y は Y 染色体. 中央部の点状染色体は第 4 染色体. 他の 2 対の大型の V 字型染色体の一方は第 2 染色体, 他方は第 3 染色体であるが, 区別つかない. これらが長さのわずかな差と他の形態的特徴によって判別できるようになるのは 1930 年以降である. ブリッジスの計測によると, X 染色体の長さを 100 にした場合, 大型常染色体, 第 4 染色体, Y 染色体の相対長はそれぞれ, 159, 12, 112.

体細胞対合　　メッツ（1914）は約 80 種のハエ目の昆虫から得た体細胞分裂中期の染色体標本を観察して, いずれの種においても, 相同染色体が互いに近傍に位置していることに気づいた. ショウジョウバエの場合は図 13 がその様子を示す. より詳細な観察では, 分裂前期から前中期にかけて, 充分に凝縮していない相同染色体が実際に対合している像が認められた.

これらの観察結果から, 彼は, 双翅目の昆虫では間期（分裂期と次の分裂期の間の時期）の細胞において相同染色体が対合していると結論した. この結論の正しさは, 1933 年に再発見された唾腺染色体が証明した. また, 1936 年には, スターンが, ショウジョウバエの体細胞対合とキアズマ型説に従う**体細胞組換え**を, 遺伝学的方法を用いて証明した.

証明 ショウジョウバエは，当時の技術では，減数分裂期における染色体行動の細胞学的観察が不可能な材料である．彼は，標識遺伝子の二重あるいは三重ヘテロ接合体のXXY雌がつくるXX型の卵が非組換え体か否かを調べる実験を行って，前記の仮説の正しさを遺伝学的に証明した．

キアズマ型説によると，相同染色体の対合がおこらなければ交叉できない．交叉がおこらなければ，組換えもおこらない．彼は，[不分離]雌がつくるXX型卵が非組換え体であることを明らかにしたのである．

実際に彼が行った実験の一例と結果を次に示す：

P $w^e\,v\,f/+++/$Y 雌 × $B/$Y 雄

F_1交配 [正常眼] XXY 雌 × $B/$Y 雄

F_2 雄 ① $w^e\,v\,f/$Y & $+++/$Y (415個体)，

② $w^e++/$Y & $+v\,f/$Y (204個体)，

③ $w^e\,v+/$Y & $++f/$Y (149個体)，

④ $w^e+f/$Y & $+v+/$Y (24個体)．

この実験で問われたのは，P世代の三重ヘテロ接合体のXXY雌が産んだF_1の非棒状眼XXY雌が母親と同じ遺伝子型であるか否かである．このF_1雌の遺伝子型はF_2雄の遺伝子型の中で最多数の2型が教えてくれる．

F_2雄の最多数は①であった．次いで，②，③，④の順で少数であった．明らかに，①が非組換え体で，その2型の遺伝子型の組み合わせがF_1雌の遺伝子型（$w^e\,v\,f/+++$）である．

不分離のタイミング 現在の理解では，第一減数分裂の不分離は母親由来と父親由来の染色体をもつXX型卵をつくり，第二分裂の不分離はいずれかの親の染色体のみのXX型卵をつくる（図14）．上記①の非組換え体は明らかに第一分裂の不分離によるものである．

組換えと正常分離 今日，第一減数分裂前期における相同染色体間の組換えは，第一分裂における正常分離を保障することがショウジョウバエ以外の生物で

1.5 ブリッジェスによる直接的証明

モーガンの F₁ 白眼雄

本章1.2節で述べたように，モーガン (1910) が行った赤眼雌と白眼雄の交配から得られた子孫1340個体中3個体 (0.2%) の白眼雄が出現した．この白眼雄は，X^wX^w 雌における不分離の結果できたX染色体を持たない卵 (O型卵) と X^w をもつ精子の接合体である X^wO であったにちがいない．ブリッジェス (1914) の研究で初めてわかったことだが，Y染色体をもっていないと雄は不妊なので，例えモーガンが F₁ 白眼雄に注目しても，染色体を調べない限り，それが異数体であることは明らかにできなかった．

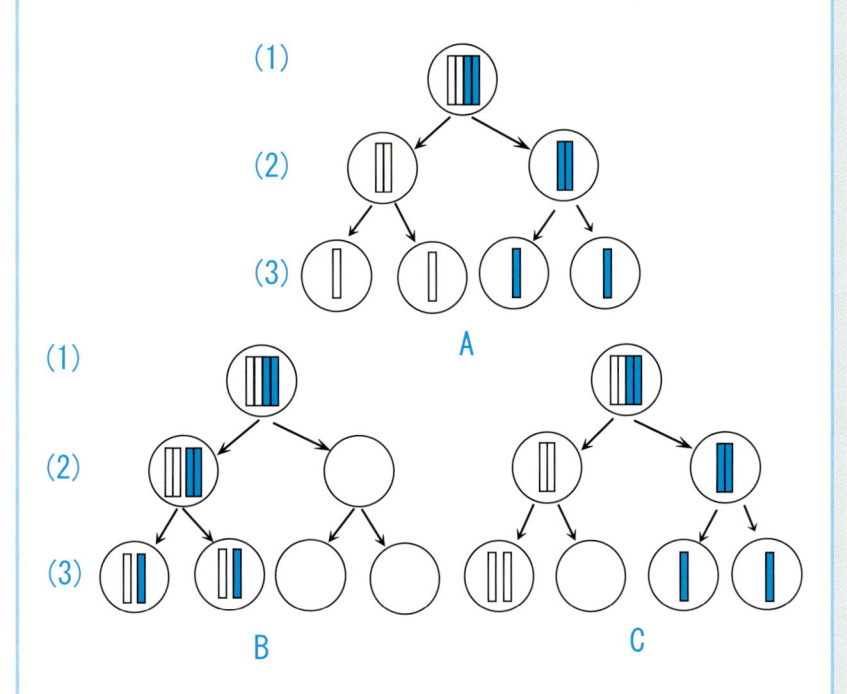

図14 減数分裂期の2回の分裂における染色体の正常分離 (A)，第一分裂における不分離 (B) および第二分裂における不分離 (C)
(1) 第一減数分裂前期．(2) 第二減数分裂中期．(3) 配偶子．図中，白棒は父親由来の染色体．青棒は母親由来の染色体．

も広く知られている．ここで紹介したブリッジスの研究はこの原則を最初に発見したもので，1960年代末に始まり現在に至るハエにおける組換えの分子機構の研究において，高頻度不分離を指標にして，組換えをおこさなくする遺伝子突然変異の探索が行われている．

XY対合　当時，非相同な染色体の対合は大胆な仮定であったが，1980年代に，Y染色体の一部とX染色体の一部のDNA配列が相同であって，この相同領域においてXY対合と染色体の組換えがおこることが証明されている．

1.6　4つの連鎖群

　モーガン研究室のメンバーは，これまで紹介したように各自ユニークな方法で彼が独自の染色体説として提唱した「遺伝子の線状配列」説（1911）の正しさを証明しつつ，次々とみつかった突然変異体の遺伝子について連鎖と組換えを調べる交配実験を精力的に行ない，モーガンによる最初の組換え実験からわずか3年で，ショウジョウバエは，染色体の数とサイズに対応する4つの連鎖群をもつことを明らかにした（図15）．

1.6.1　最後の連鎖群

　発表順でみてみると，最初が1911年のX染色体に対応する第1連鎖群で，第2染色体に対応する第2連鎖群が1912年，第3染色体に対応する第3連鎖群が1913年である．体細胞の染色体をみてみると，まだあるはず．点状の第4染色体に対応する第4連鎖群である．

　第1，第2，第3の連鎖群の遺伝子の発見に最も活躍したのはブリッジスだが，最後の連鎖群に属する遺伝子の突然変異 *bt*（*bent*，曲がり翅）は1914年にマラーによって発見された．第4連鎖群では他の研究室員がみつけた無眼突然変異 *ey*（*eyeless*）を加えて結局2つの突然変異しかみつからなかった．しかも，その2つの突然変異遺伝子の間の組換え頻度はゼロだった．雌の減数分裂においても第4染色体では組換えはおこらないという発見である．そのため，当時の第4連鎖群の連鎖地図では，任意の2点に遺伝子 *bt* と *ey* がマップされ

1.6 4つの連鎖群

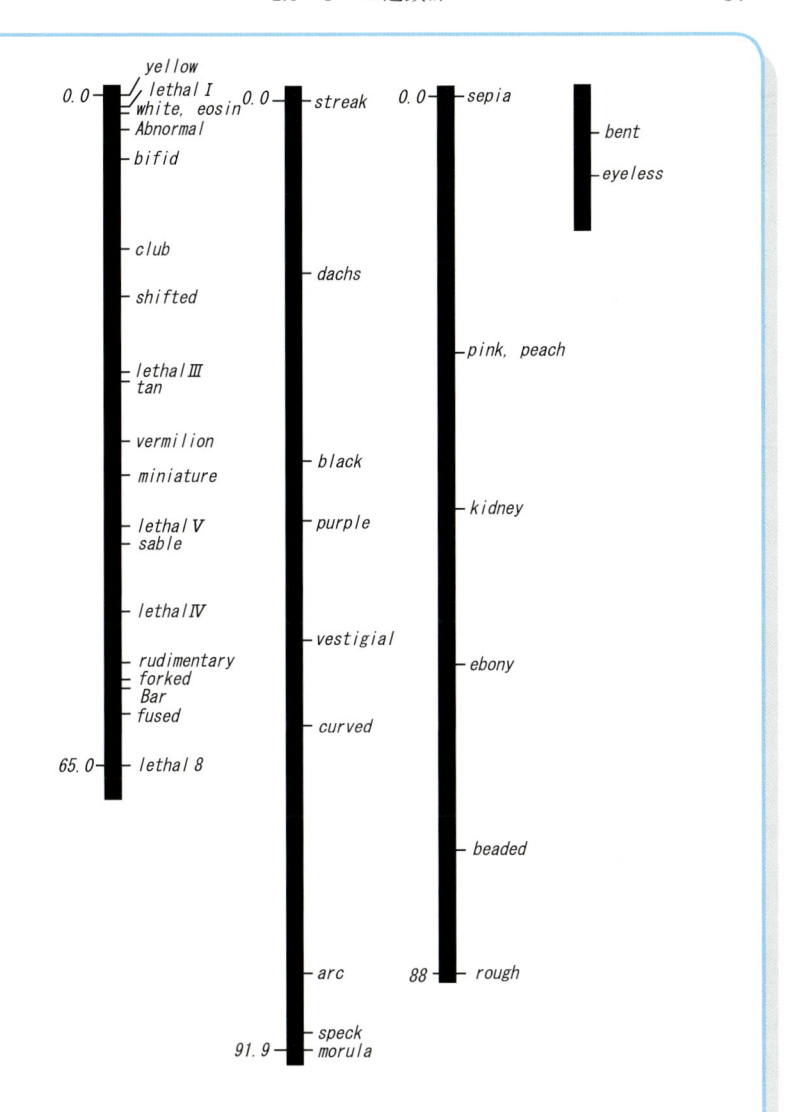

図15 4つの連鎖群と連鎖地図（モーガン他，1915を改写）
左から第1，第2，第3，第4連鎖群の地図．第1連鎖群の地図上の *lethal* は劣性致死突然変異．大文字で始まる遺伝子名は優性形質を発現する突然変異遺伝子．小文字で始まる遺伝子名はホモ接合で劣性形質を発現する突然変異遺伝子．

ている（図15）．

37年後の連鎖地図　1951年，第4染色体を2つ，他の染色体を3セットもっている**三倍体雌**（X/X/X；2/2/2；3/3/3；4/4）においては，第4連鎖群の遺伝子間でも組換えがおこるという，現在でも機構が不明な現象を利用して，5つの遺伝子をマップした連鎖地図がスターテヴァントによって作成された．その地図の右端は3.0地図単位で，前出の遺伝子 *bt* と *ey* がそれぞれ，1.4地図単位，2.0地図単位に位置づけられている．

1.6.2　「メンデル遺伝の機構」

　1915年，スターテヴァント，マラー，ブリッジェスと連名で，モーガンは，「メンデル遺伝の機構」を刊行した．図15の連鎖地図はこの本の口絵に載っているものである．

標識遺伝子　同書出版までに，モーガンたちがみつけていた第1～第3の連鎖群の突然変異遺伝子の総数は88．その一部は図15の連鎖地図に示されている．第1連鎖群の劣性致死突然変異 *lethal*（後述）を除くと，地図上の遺伝子はすべて成虫の可視形質の変化をもたらす突然変異（可視突然変異）の遺伝子である．それらは，連鎖地図上の位置が定まった後，特定の染色体あるいは染色体領域の遺伝と組換えを表現型によって調べる遺伝的マーカー（標識遺伝子）として利用されるようになった．

劣性致死遺伝子　第1連鎖群の地図にマップされているこの種の突然変異遺伝子は，ヘテロ接合の雌バエの次世代子孫が成虫期に達した段階で，雄：雌の比が通常の1：1ではなくて，1：2となることから，**性比変更因子**としてモーガン（1912）が発見したものである．

　この発見は2回のノーベル賞につながった．まず，1946年の受賞者マラー（1927）は，伴性の劣性致死突然変異を効率よく検出する方法を開発してX線の突然変異誘発作用の証明に成功した（第4章参照）．次いで，1995年の受賞者ニュスライン・フォルハルトとウイシャウス（1985）は，**化学変異原**で誘発した多数の劣性致死突然変異のホモ接合体の胚期での死に際の可視表現型を観

1.6　4つの連鎖群

> **「メンデル遺伝の機構」**　本文で述べたように，モーガンは，1910年から1914年までの研究成果の集大成（原題，The Mechanism of Mendelian Heredity）を出版した．この本は，メンデルの法則，連鎖と組換え，伴性遺伝，染色体による**性決定**などの機構と遺伝子の概念を彼の染色体説の観点から論述したもので，組換え機構としてのキアズマ型説が遺伝学的にも細胞学的にも証明されていない当時としては，冒険的であった．しかし，遺伝の物質的な基盤が顕微鏡下でみえる染色体にあるという彼の説を広報する上でタイミングのいい出版であった．
>
> **サットンの染色体説**　同書はモーガンの同僚のウィルソンに献辞されている．彼は，染色体観察には不利な材料を使っていたモーガンたちにとって，細胞学のスーパーバイザーであった．「遺伝子は染色体上に存在し，減数分裂における染色体の行動はメンデルの法則を説明する」という内容の説を提唱したサットン（1902）は彼の弟子の一人である．サットンの染色体説は，遺伝学と細胞学の融合の重要性を説いた理論として，今日まで彼の名前を歴史に留めた．しかし，同書では，彼の説は，簡単に紹介されているだけで，モーガンが，それに影響を受けた形跡は全く認められない．
>
> **カイコガ**　同書に引用された論文に，外山と田中のカイコガの報告が含まれている．外山（1906）は，動物で初めてメンデルの法則を確認し，わが国の実験遺伝学の礎を築いた人である．彼を先駆者とするわが国のカイコガの遺伝研究は，ショウジョウバエの研究よりも長い歴史を有し，それに比肩するレベルにあった．事実，後にわが国におけるショウジョウバエ研究の萌芽を育てた田中（1913，1914）が発見したカイコガの複対立遺伝子，雌における完全連鎖などはショウジョウバエの関連成果とほぼ同時期に報告された．
>
> この昆虫の染色体数は $2n = 52$ で，各染色体は**セントロメア**の機能を染色体全体で分散して有し，性染色体は雌ヘテロ型で雌決定因子をもつなど，ショウジョウバエとは異なる遺伝学的特性をもっている．そのため，ショウジョウバエの研究成果の一般性を問う上で有用な昆虫材料として，わが国を中心に盛んに研究されてきた．

察して，ハエの体制形成に関わる一群の遺伝子の検出に成功している．

1.6.3 メンデルの法則とモーガンの染色体説

「遺伝子はどこにある？」という問いに，連鎖地図を添えて「染色体」と答えたモーガンの染色体説によって，メンデルの法則が配偶子形成過程における染色体の行動として初めて説明できるようになった．

分離の法則 痕跡翅遺伝子 *vg* をヘテロ接合 (*vg* /+) でもつ雌雄のハエを交配すると，次世代における，表現型の分離比は［正常翅］：［痕跡翅］= 3 : 1 となる．分離の法則に従うこの現象は，「メンデル遺伝の機構」第1章において，染色体の遺伝として解説されている（図16）．そこでは，遺伝子は染色体の一部であって，1対の対立遺伝子が分離して別々の配偶子に入ることは，1対の相同染色体が分離して別々の配偶子に入ることであると，染色体を使って示されている．同様に，F_1 世代の雌雄それぞれ2型の配偶子のランダムな結合による F_2 世代の3型の遺伝子型の分離比 1 : 2 : 1 が2型の相同染色体の3通りの組み合わせで示されている．

メンデルの論文（1866）にならって，優性形質の遺伝子を大文字 *A*，劣性形質の遺伝子を小文字 *a*，F_1 を *Aa* とすると，F_1 の雌雄それぞれが，分離の法則に従ってつくる2型の配偶子のランダムな結合と F_2 の遺伝子型の分離比は，それぞれ次式の左辺と右辺が与える：

$$(A + a)^2 = AA + 2Aa + aa.$$

この式が染色体で説明できるようになるまで半世紀要したことになる．

独立の法則 モーガンたちは，新しい突然変異体がみつかる度に，既存の突然変異体の間で交配を行って，異なる連鎖群に属する（異なる染色体の）遺伝子に限って，独立の法則が成立することを明らかにした．

「メンデル遺伝の機構」第1章では，第2染色体の痕跡翅遺伝子 *vg* と第3染色体の漆黒体色遺伝子 *e* (*ebony*) のそれぞれのホモ接合体の交配から始まる実

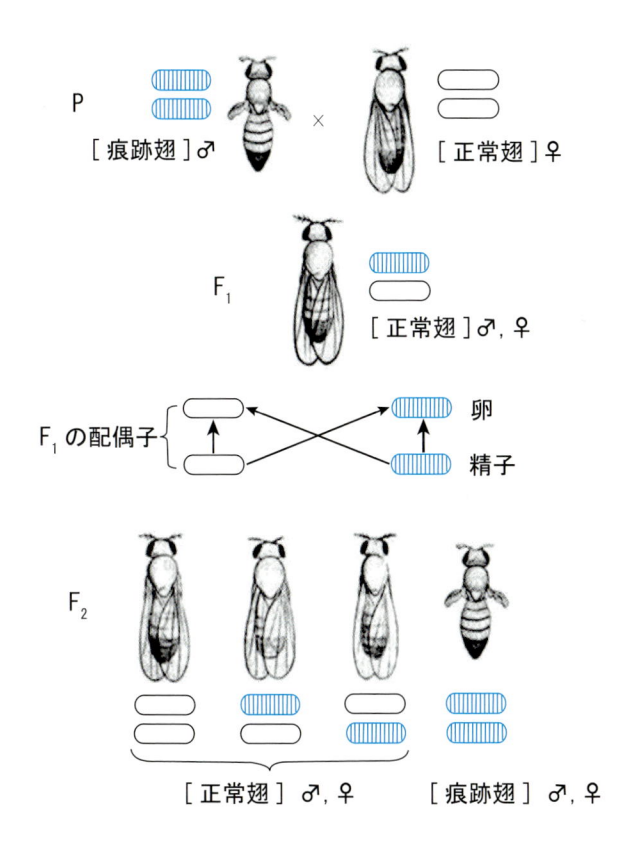

図16 分離の法則と染色体の遺伝（モーガン他，1915より）
図中の縞模様の棒は痕跡翅遺伝子 *vg* をもつ第2染色体．白棒は野生型染色体．

験を想定して独立の法則が解説されている．その実験の F_1 までを，異なる染色体の遺伝子をセミコロン (;) で区別して遺伝子型で表すと，

   P $(vg/vg;+/+)$ 雄 × $(+/+;e/e)$ 雌
   F_1 交配 $(vg/+;e/+)$ 雄 × $(vg/+;e/+)$ 雌
   F_1 の配偶子 $(vg;+)$, $(vg;e)$, $(+;e)$, $(+;+)$

となる．ここで示した F_1 のハエがつくる4型の配偶子は，2対の相同染色体の独立分離の結果として図示されている（図17A）．

図中の F_1 の雌雄それぞれ4型の配偶子のランダムな結合による F_2 世代の表現型と遺伝子型とそれぞれの分離比は，次のようになる：

 9 ［正常翅・正常体色］:1$(+/+;+/+)$, 2$(+/+;+/e)$, 2$(vg/+;+/+)$, 4$(vg/+;e/+)$.
 3 ［正常翅・漆黒体色］:1$(+/+;e/e)$, 2$(vg/+;e/e)$.
 3 ［痕跡翅・正常体色］:1$(vg/vg;+/+)$, 2$(vg/vg;e/+)$.
 1 ［痕跡翅・漆黒体色］:1$(vg/vg;e/e)$.

「メンデル遺伝の機構」では上記の表現型と遺伝子型の分離が 4×4 の分割表の中に染色体図を使って示されている（図17B）．

1.6.4 遺伝子とゲノム

遺伝子粒子説 モーガンの染色体説では，遺伝子は分割できない粒子であって，それらは「真珠の首飾り」のごとく連なって染色体をなしている．同書第3章において，染色体組換えがこのモデルによって示されている（図18）．

対立遺伝子 同図で示されている個々の粒子（遺伝子）の存在部位が座位である．それぞれの座位で生じた突然変異遺伝子は，野生型遺伝子と同様に，不可分なので，遺伝子は突然変異の最小単位であって，突然変異をおこした遺伝子は野生型に対する対立遺伝子になる．野生型と突然変異型あるいは2型の

1.6 4つの連鎖群

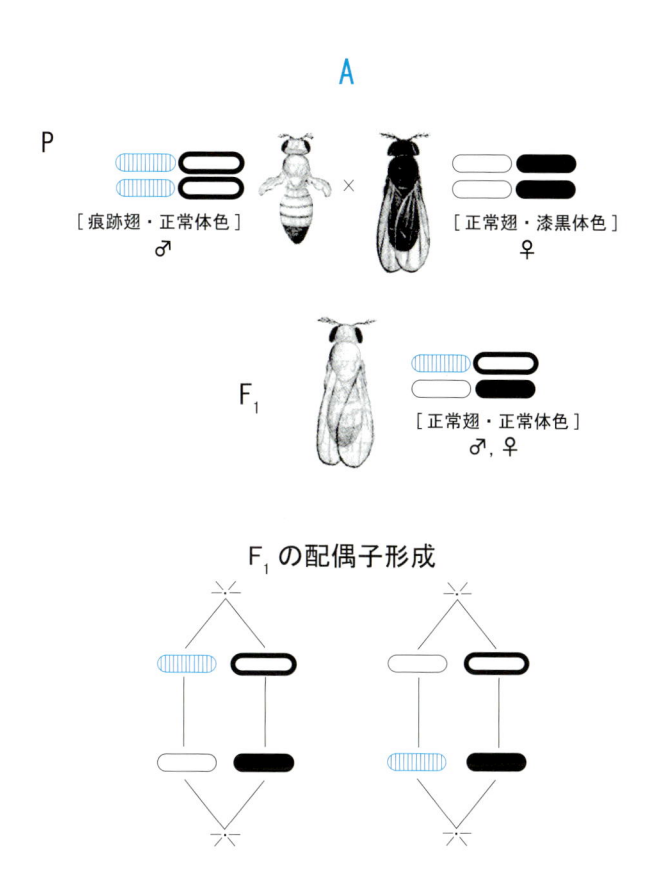

図17 独立の法則と染色体の遺伝（モーガン他，1915 より）

図中の縞模様の棒は痕跡翅遺伝子 *vg* をもつ第2染色体．白棒は野生型の第2染色体．黒棒は漆黒体色遺伝子 *e* をもつ第3染色体．黒く縁どった白棒は野生型の第3染色体．P 交配から F_1 の配偶子形成までを A，独立の法則に従ってつくられた4型の卵と4型の精子のランダムな結合の結果期待される F_2 世代のハエの表現型と染色体の組み合わせを B に示す．B の鍵括弧内の左側は翅の表現型（「正常」は正常翅，「痕跡」は痕跡翅），右側は体色の表現型（「正常」は正常体色，「漆黒」は漆黒体色）．

突然変異型対立遺伝子は，相同染色体のそれぞれの座位に存在できても，同じ染色体の同じ座位に存在することはない．

不朽の学説　「メンデル遺伝の機構」出版後，モーガンの遺伝子の概念は広く受け入れられていったが，1940年代に破綻する（エピローグ参照）．また，「真珠の首飾り」モデルも，遺伝子が存在しない染色体領域の発見によって 1920 年代末に破綻する（3.4 参照）．それでもモーガンの染色体説の根幹部分「遺伝子は染色体の一部であって，特定の遺伝子は染色体の特定の位置に存在し，連鎖している遺伝子間の距離は組換え頻度で測定できる」は不朽である．

ゲノム　当時の染色体説の名残は「ゲノム」に認められる．この言葉は，ウィンクラー（1920）が造った遺伝子 gene と染色体 chromosome の合成語であって，それぞれの生物種に特徴的な形質をつくるのに最低限必要な染色体一組を意味する．ここで「染色体」は前記の首飾りモデルで示される染色体なので，現在，原意のまま使うのは問題であろう．

1.6.5 遺伝学的特性

遺伝学的研究に直接関りのある染色体や減数分裂などの性質のなかで生物材料を特徴づけるものを「遺伝学的特性」とし，1910年〜1916年の間に明らかにされたハエの遺伝学的特性を次にまとめておこう：

① 染色体数は雌雄ともに $2n = 8$．性染色体構成は雄が XY，雌が XX．
② 常染色体は二倍体の XXX 型接合体は通常致死．
③ Y 染色体は雄の妊性に必須であるが，性決定には関わっていない．
④ 減数分裂期に XY 対合がおこる．
⑤ 雄の減数分裂期では組換えがおこらない．
⑥ 第 4 連鎖群の遺伝子は雌の減数分裂においても組換わらない．

これらの特性を理解，利用してショウジョウバエによる遺伝学的研究がさらに発展し，このハエの新たな遺伝学的特性が発見されていく．

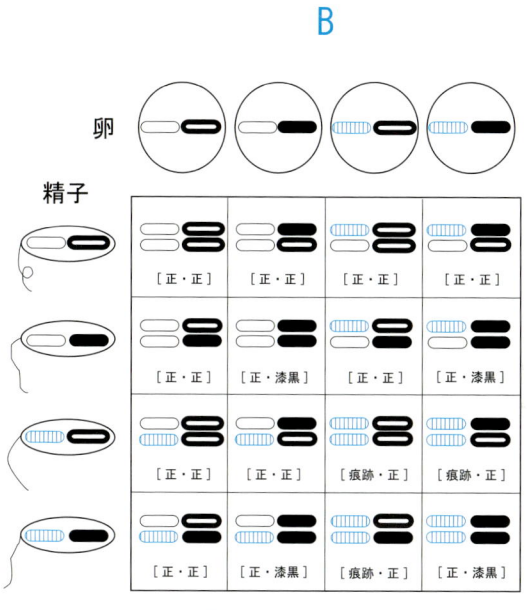

図17（続き）

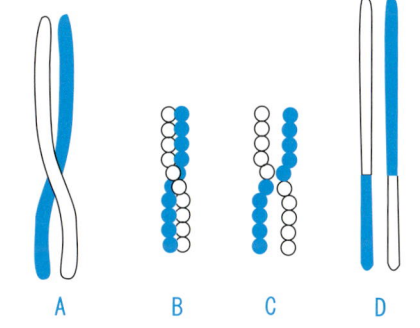

図18 染色体組換えによる遺伝子組換えモデル（モーガン他，1915より）
Aは染色体組換え，Dはその結果できた2型の組換え染色体．
BとCは遺伝子粒子説に基づく組換え機構．1個の丸は1個の遺伝子を示す．

エピローグ

遺伝子内組換え 1940年代初頭,オリバーとグリーンは菱形眼座位の突然変異型の対立遺伝子(以下, a_1 と a_2)のヘテロ接合体 ($a_1+/+a_2$) 雌バエの交配実験において,次世代で野生型 (++) あるいは二重変異型 (a_1a_2) の染色体をもつハエが低頻度ながらも出現することを発見した.体節の形成と分化の発生遺伝学的研究によって1995年のノーベル賞を受賞するルイスも,ほぼ同時期に,別の座位における遺伝子内組換えを証明した.これらの研究によって,遺伝子は不可分の粒子であるとするモーガンの遺伝子概念は破綻した.

丁度この頃,遺伝子の本性はDNAであることがエイブリーたちの**肺炎双球菌**の形質転換実験において証明された.

遺伝子の内部構造 さらにグリーン夫妻 (1949) は,遺伝子内組換えで生じた遺伝子型 ($a_1a_2/++$) の雌バエが再度の遺伝子内組換えによって遺伝子型 (a_1+) と ($+a_2$) の配偶子,三重ヘテロ接合体 ($a_1a_2+/++a_3$) から ($a_1a_2a_3$) と (+++) の配偶子ができることを明らかにし,菱形眼座位の**詳細な構造地図**を作成した.その地図では対立遺伝子が線状配列している.

シストロン 1955年,バクテリファージの遺伝子内組換え実験において,組換えの最小単位はDNAのヌクレオチドであることがベンザーによって証明され,遺伝子は組換えや突然変異の単位としては定義できないことが明白になった.遺伝子を機能単位として彼が提案した新たな遺伝子概念のシストロンは,DNAの塩基配列とタンパク質のアミノ酸配列の関係が完全に理解された1967年以降,「遺伝子=タンパク質情報」概念へと発展した.

分断遺伝子など しかし,現在では,特定のタンパク質情報を担う連続した塩基配列として遺伝子が定義できなくなっている.真核生物において,タンパク質をコードしている塩基配列の多くは**イントロン**によって分断されており,**選択的スプライシング**によって一定の配列から複数のタンパク質がつくられることが広く認められ,転写されるが翻訳されない塩基配列の遺伝情報発現の調節における重要な役割が急速に理解されつつあるからである.

第2章
交叉と組換え

2.1 「均等」不分離
2.2 付着X染色体
2.3 付着X染色体による半四分子分析Ⅰ
2.4 付着X染色体による半四分子分析Ⅱ
2.5 四分子分析

「メンデル遺伝の機構」(1915) 出版当時，モーガンの染色体説は細胞学的に証明されたものではなく，キアズマ型説は仮説にすぎなかった．この説は姉妹染色分体に分かれている相同染色体が対合している時期，すなわち四分子期に交叉がおこると唱えている（図5参照）．この説を実験的に検証する際の対立仮説は二分子期の交叉である．

現在の理解では，減数分裂期に入るまで体細胞分裂を行っている生殖細胞系列の細胞における G_1 期が二分子期に相当する（図19A 左）．これらの細胞が，最期のDNA複製を行って，減数分裂期に入るので，減数分裂期の最初期の細胞では，すべての染色体は姉妹染色分体に分かれている．この状態の相同染色体が対合している時期が四分子期である（図19B）．

当時の細胞学は，減数分裂期の染色体行動を上記のように理解するレベルに達していなかった．例えば，「メンデル遺伝の機構」の減数分裂の説明図では，染色体数の半減は第二分裂でおきている．幸い（？），ショウジョウバエは減数分裂期の染色体観察は不可能な材料であった．このハエで偶然みつかった染色体の数の異常や構造の異常を利用した一連の研究が組換えのキアズマ型説を証明し，交叉による組換え機構を解明した．本章では，当時の減数分裂関連の記述を図19の現代版に則して，これらの研究を解説する．

2.1　「均等」不分離

1.5節で紹介した不分離の研究 (1916) において，ブリッジェスは，突然変異遺伝子で多重標識した XXY 雌あるいは XX 雌と［棒状眼］の B/Y 雄の交配から多数の［非棒状眼］XXY 雌を得た．それらの遺伝子型を1個体ずつ決めていく交配実験で，XX 雌からの2例を含めて，第二減数分裂の不分離による XXY 雌を19例みつけた．

「均等」変異体　第二分裂は染色体数が分裂前後で変わらない均等分裂であるので，彼は，この分裂の際の不分離を「均等」不分離，その結果，次世代で出現した XXY 雌を「均等」変異体と呼んだ．

四分子期交叉　母親を三重ヘテロ接合体（$a\ b\ c$/+ + +）とすると，交叉がおこら

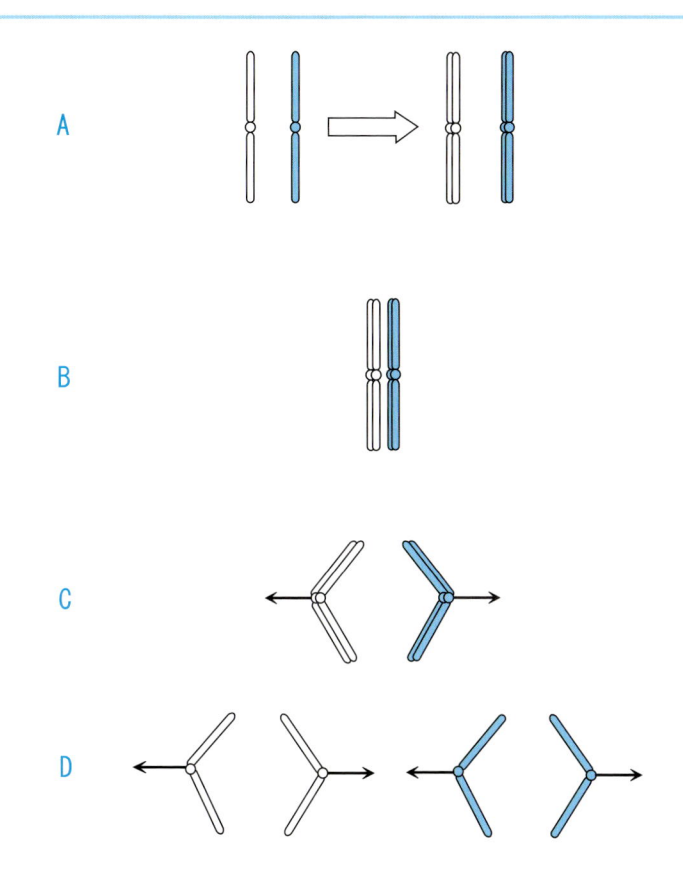

図 19　減数分裂開始前後の染色体の行動

A. 減数分裂期まで体細胞分裂を行っていた生殖細胞の最期の DNA 複製を行ってそれぞれ姉妹染色分体に分かれた 1 対の相同染色体．この状態を維持して減数分裂期に入る．
B. 第一減数分裂前期において対合して二価染色体を形成している 1 対の相同染色体．この時期が四分子期．細胞の核相は A と同様に 2n．
C. 第一減数分裂後期における相同染色体の分離．始点をセントロメアとする矢印は分離の方向．この分裂が核相を $2n$ から n にする減数分裂．
D. 第二減数分裂後期における染色分体の分離と配偶子への配分．ここでの分裂は体細胞と同じ均等分裂．

なければ，「均等」変異体の遺伝子型は $(a\,b\,c/a\,b\,c)$ あるいは $(+++/+++)$ となる．19 例の「均等」変異体の中で 5 例はそのようなホモ接合体であった．残りの 14 例のすべては単組換え染色体と非組換え染色体のヘテロ接合体（例えば，$a\,b+/+++$）あるいは単組換え染色体と二重組換え染色体のヘテロ接合体 $(a++/+b+)$ であった．もし，二分子期に交叉がおこれば，「均等」変異体は組換え染色体のホモ接合体（例えば，$a\,b+/a\,b+$）として出現するが，このような例は皆無であった．彼は，これら 14 例の「均等」変異体は四分子期で交叉をおこした証拠だと看破した．

決定的証拠 (1)　この証拠の典型例は，朱色眼遺伝子 v，暗体色遺伝子 s (*sable*)，ガーネット眼遺伝子 g (*garnet*) およびフォーク状剛毛遺伝子 f (*forked*) の四重ヘテロ接合体 $(v++f/+s\,g+)$ の XXY 雌が産んだ遺伝子型 $(v\,s\,g+/+++)$ の雌バエである．彼はこの変異体をみつけた日（1915 年 12 月 16 日）を記して，四分子期交叉の決定的証拠と主張した．それは，図 20 に示しているように，四重ヘテロ接合体の配偶子形成の第一減数分裂前期において，対合している 1 対の相同染色体のすべての染色分体が交叉をおこしたことを示す遺伝子型である．

決定的証拠 (2)　さらなる決定的証拠がブリッジェスとアンダーソン (1925) の研究で得られた．彼らは，ブリッジェス (1921) が発見した三倍体（性は雌）がもつ 3 つの X 染色体のそれぞれを異なる突然変異遺伝子で多重標識して，組換えを調べた．この研究は，3 つの X 染色体は，減数分裂期に対合して**三価染色体 (六分子染色体)** を形成し，単交叉あるいは**二重交叉**をおこして，互いに組換わることなどを明らかにしたものである．

　その研究で得られた XXY の「均等」変異体 28 例の遺伝子型を分析したところ，非組換え染色体のホモ接合であった 1 例を除いてすべて，組換え染色体と非組換え染色体，あるいは単組換え染色体と二重組換え染色体のヘテロ接合体であった．中には 3 つの X 染色体のすべてで交叉がおきた証拠も認められた．組換え染色体のホモ接合体は 1 例も認められなかった．

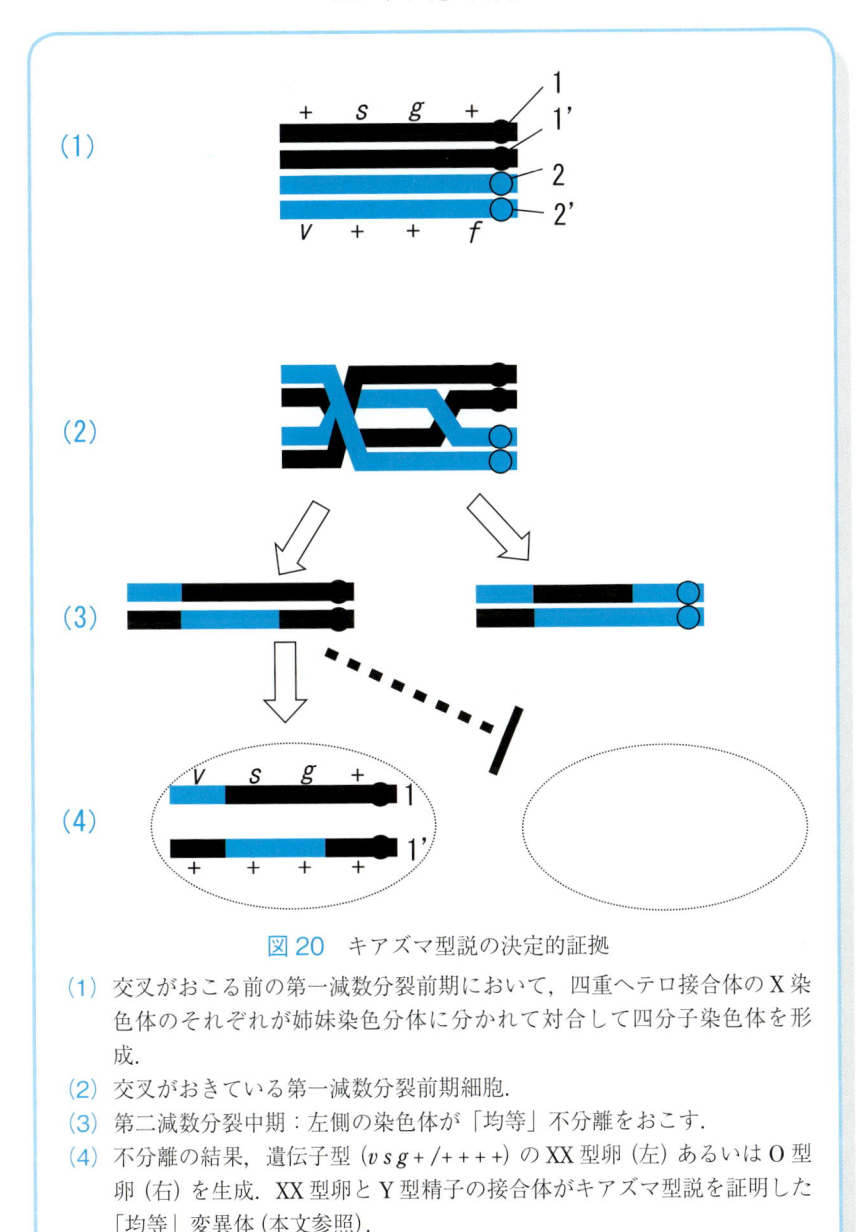

図20　キアズマ型説の決定的証拠

(1) 交叉がおこる前の第一減数分裂前期において，四重ヘテロ接合体のX染色体のそれぞれが姉妹染色分体に分かれて対合して四分子染色体を形成．
(2) 交叉がおきている第一減数分裂前期細胞．
(3) 第二減数分裂中期：左側の染色体が「均等」不分離をおこす．
(4) 不分離の結果，遺伝子型（$vsg+/+++$）のXX型卵（左）あるいはO型卵（右）を生成．XX型卵とY型精子の接合体がキアズマ型説を証明した「均等」変異体（本文参照）．

2.2 付着 X 染色体

　1921 年，モーガン夫人は，奇妙なハエを 1 個体みつけた．それは黄体色遺伝子 y で標識された X 染色体をもつ雄と，遺伝子型（$w^e\ ct\ f+/++fB$）の雌の交配から得られた F_1 子孫に混じっていた．ここで，f はフォーク状剛毛をもたらす遺伝子，w^e はエオシン眼遺伝子，ct（cut）は先細り翅遺伝子，B は棒状眼遺伝子である．

モザイク　遺伝的に異なる 2 型の細胞からなる個体をモザイクという．彼女がみつけた奇妙なハエ（図 21 A）は，体の前半部が野生型体色と棒状眼を呈し，第一肢の跗節（ふせつ）に雄を特徴付ける**性櫛**（せいせつ）を欠き，後半部は黄体色で正常な雌の外部生殖器をもつモザイクであった．

付着 X 染色体　彼女（1922）は，表現型から，問題のモザイクは末端でくっついて 1 つの染色体になった 2 つの X 染色体，すなわち付着 X 染色体（$\widehat{XX}$）を父親から，遺伝子 B で標識された X 染色体を母親から受けとったと確信した．彼女によれば，$\widehat{XX}$X の受精卵の最初の分裂で $\widehat{XX}$X の核と X 染色体を消失した $\widehat{XX}$ の核ができた結果，モザイクの前半部の細胞の性染色体の構成は $\widehat{XX}$X，後半部は $\widehat{XX}$ となった（図 21 B）．

100％不分離　$\widehat{XX}$ の相同染色体は第一減数分裂で分離できない．そのため，$\widehat{XX}$ 卵あるいは性染色体をもたない O 型卵がつくられるはず．事実，モザイク雌と同胞との交配から得られた次世代の雄バエはすべて野生型体色の不妊バエであった．彼らは X 染色体をもつ精子と O 型卵の接合体 XO である．

　一方，雌バエはすべて黄体色であった．彼女たちは $\widehat{XX}$ 卵と Y 染色体をもつ精子の接合体 $\widehat{XX}$Y である．$\widehat{XX}$ 卵と X 染色体をもつ精子の接合体 $\widehat{XX}$X は，通常致死であるので，成虫として出現してこなかった．O 型卵と Y 染色体をもつ精子の接合体も致死．

$\widehat{XX}$Y 系統　モーガン夫人は，モザイクが産んだ $\widehat{XX}$Y 雌を XY 雄と交配して，$\widehat{XX}$ が常に Y 染色体を伴っている系統を作成した．この系統では母親の $\widehat{XX}$ は娘，父親の X は息子に伝わる（図 22 A）．そのため，母親の形質（黄体色）が娘，父

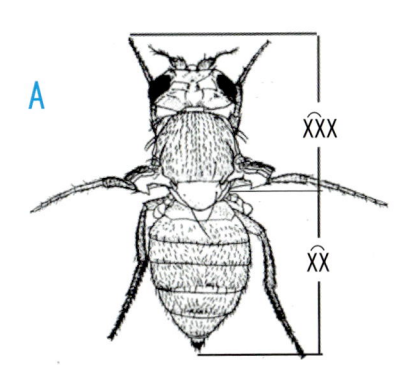

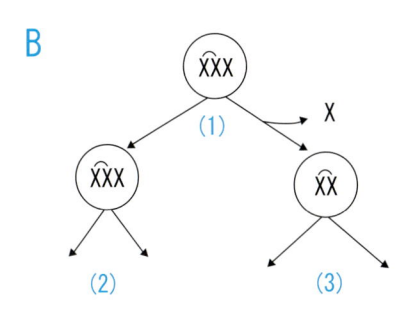

図21 モーガン夫人が発見したモザイクとその成因

A. 外した翅が付いていた中胸部と第二肢，前胸部と第一肢および頭部は野生型体色（遺伝子型は $y++/y++/+fB$）．眼は軽度の棒状を発現．平均棍と第三肢がついている後胸部と腹部が黄体色 (y/y)．雌であるが，黄体色ため，雌特有の腹部背面の黒縞模様（図1参照）が不明瞭．ハエの図はモーガン夫人 (1922)．

B. $\widehat{XX}$ をもっていた精子と X 型卵の接合体の核 (1) と最初の核分裂で染色体構成が変わらなかった核 (2) と母親由来の X 染色体を失った核 (3)．(2) と (3) の子孫細胞群がそれぞれ A の前半部と後半部を形成したと考えられる．

親の形質（野生型体色）が息子へと伝わる**限性遺伝**の現象を示す（図22B）．彼女の言葉を使えば「非十文字遺伝」である．**十文字遺伝**とは，伴性遺伝の原則に従って，母親の突然変異形質が息子，父親の野生型形質が娘に伝わる現象を指す（図3参照）．

細胞学的証拠　XXY雌の卵巣の細胞の分裂中期における染色体構成を調べると，2つのI字形のX染色体の代わりに，V字形の染色体とJ字形のY染色体をもっていた（図23）．常染色体はいずれも正常であったので，V字形の染色体は$\widehat{XX}$であることが確認できた．正常X染色体がI字形にみえるのは，そのセントロメアが染色体の末端付近に存在し，セントロメアによって二分された染色体の短い方（短腕）は顕微鏡下では判別不可能であるからである．このようなタイプの染色体を**次端部動原体型**という．Y染色体がJ字形に見えるのは，それは中央から離れた位置にセントロメアをもつ**次中部動原体型**の染色体だからである．

複合染色体　セントロメアを中央部にもっておれば**中部動原体型**と分類する．V字形は，この型の染色体がセントロメアの部分で折れ曲がっている状態にある．セントロメアから遠い（遠位の）X染色体領域を distal の D，近い（近位の）領域を proximal の P，セントロメアを点（・）で表すと，$\widehat{XX}$ が呈すV字形染色体は DP・PD となっている複合染色体である．複合染色体とは，元来別々の染色体あるいは染色体の腕が1つになった染色体を指す．

起源　前述したように，$\widehat{XX}$ は雄の配偶子由来である．X染色体を1つしかもっていない雄の生殖細胞系列のどの時期で $\widehat{XX}$ ができたのだろうか？

　モーガン夫人は，それは精原細胞の時期だという．精原細胞は，体細胞的分裂を行って増殖し，最期のDNA複製を行って，減数分裂期に入り，一次精母細胞となる細胞である．その正常な分裂では，M期で姉妹染色分体が分かれて別々の細胞に入る（図24A）．もし，体細胞不分離がおこると，X染色体を2つもつ精原細胞ができる．彼女は，このようにしてできたXX型の**精原細胞**において $\widehat{XX}$ が形成されたと説明した．

　78年後，グリーンは，姉妹染色分体間の接着を強めて，**体細胞不分離**をおこ

2.2 付着X染色体

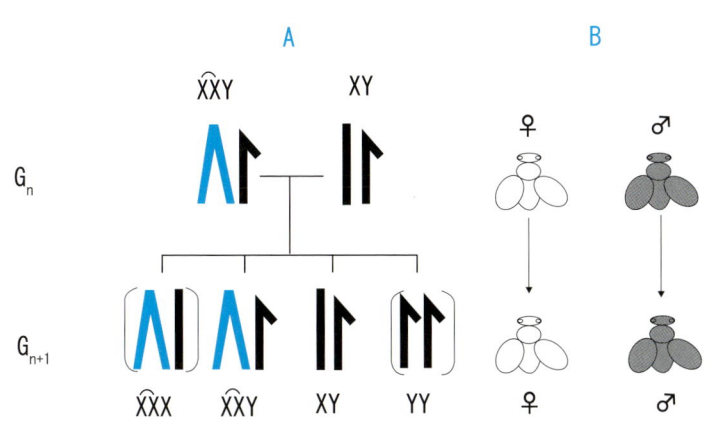

図22 $\widehat{XX}$Y系統における性染色体と形質の遺伝

A. ある世代 (Gn) の $\widehat{XX}$Y 雌と XY 雄の次世代 (G_{n+1}) 子孫の内，括弧で囲んでいる2型の接合体は致死なので，その世代でも成虫期に達したハエは $\widehat{XX}$Y 雌と XY 雄のみである．母親から息子，父親から娘に伝わるのはY染色体．

B. $\widehat{XX}$ の遺伝に伴う，母親の形質（黄体色）と父親の形質（野生型体色）の限性遺伝．

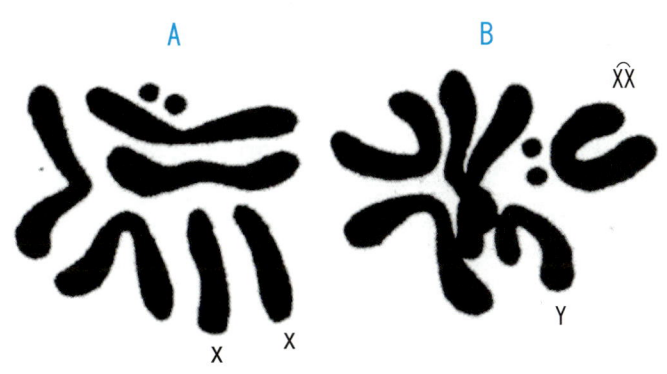

図23 正常XX雌（左）と $\widehat{XX}$Y雌（右）の染色体構成（モーガン夫人，1922より）

しやすくする第3染色体の突然変異遺伝子 *ins* (*inseparable*) を記載した論文において，この突然変異遺伝子をもつハエの精原細胞で $\widehat{XX}$ が形成されたと報告した．この報告はモーガン夫人の説明を支持する．

　また，グリーンは，$\widehat{XX}$ をモザイクの雌バエ (図21A) に伝えた雄バエがたまたま *ins* 遺伝子をもっていて，それを彼女の $\widehat{XX}$Y 系統が受け継いだ可能性を指摘した．何故なら，彼女の系統から新たな雄起源の $\widehat{XX}$ をもつハエが繰り返し出現したからである．

生成機構　さらに，グリーンは，精原細胞で形成された $\widehat{XX}$ の唾腺染色体 (3.6参照) 観察から，その一方の染色体のセントロメアに近い染色体領域の一部が欠けていることを明らかにし，$\widehat{XX}$ の形成には**染色体切断**と再結合が関与していると主張している．同様な機構を想定すると，モーガン夫人の $\widehat{XX}$ の成因は図24B で説明できる．

多重標識 XXY 系統　モーガン夫人の $\widehat{XX}$ は黄体色遺伝子 *y* のホモ接合体であるので，そのままでは組換え研究には使えない．幸い，彼女の $\widehat{XX}$Y 系統に三倍体の $\widehat{XX}$X の雌バエが出現した (1925)．彼女は，交配によって，この三倍体のフリーな X 染色体を多重標識の X 染色体と置き換えて，それと $\widehat{XX}$ の組換え体として多重ヘテロ接合体の $\widehat{XX}$Y 系統の作成に着手した．しかし，次節で紹介するように，アンダーソン (1925) がいち早く多重ヘテロ接合の $\widehat{XX}$Y 系統を用いた組換え研究を発表した．

2.3　付着 X 染色体による半四分子分析 I

　アンダーソン (1925) の $\widehat{XX}$ は孵化直後に **X 線**照射を受けた XX 雌由来であった．この XX 雌は 7 つの伴性遺伝子のヘテロ接合体であったが，$\widehat{XX}$ は 5 つの遺伝子をヘテロ接合，2 つの遺伝子をホモ接合でもっていた (図25)．

体細胞組換え　その多重ヘテロ接合体の XX 雌が X 線照射を受けた時期の卵巣では，生殖細胞系列の細胞が体細胞分裂を行っている．このような細胞で XX から 2 つの標識遺伝子をホモ接合でもつ $\widehat{XX}$ が形成されたとすると，この $\widehat{XX}$ の一方は体細胞組換えをおこした染色体であったはずである．後述するア

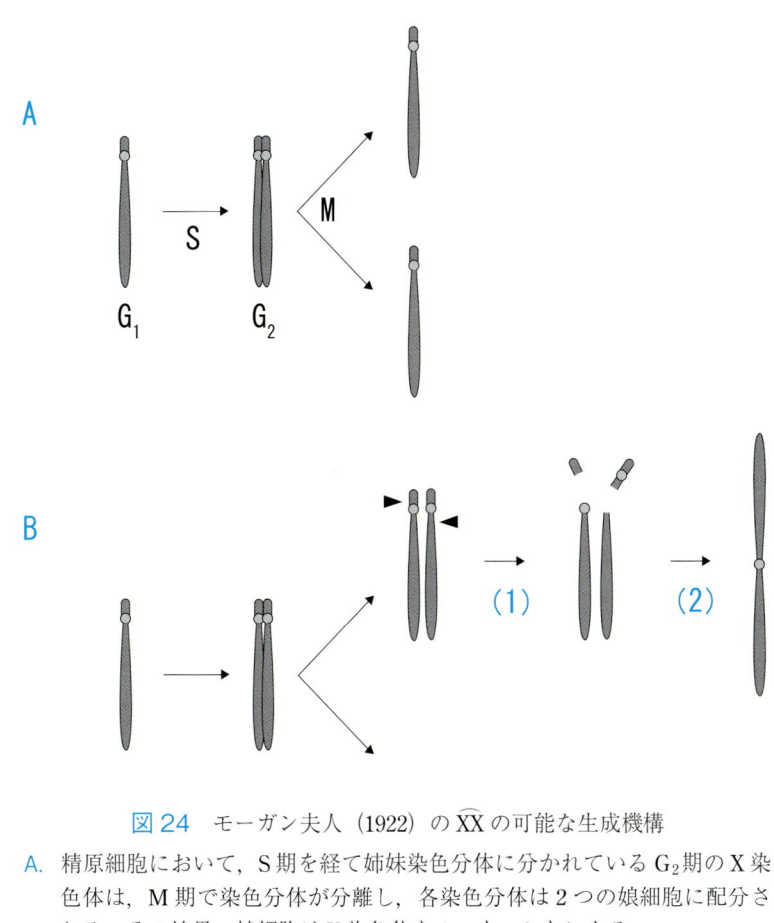

図 24 モーガン夫人（1922）の $\widehat{\text{XX}}$ の可能な生成機構

A. 精原細胞において，S 期を経て姉妹染色分体に分かれている G_2 期の X 染色体は，M 期で染色分体が分離し，各染色分体は 2 つの娘細胞に配分される．その結果，娘細胞は X 染色体を 1 つもつことになる．
B. しかし，M 期で不分離がおきると，X 染色体を 2 つもつ娘細胞と X 染色体をもたない娘細胞ができる．XX 型の細胞で染色体切断 (1) が生じて，短腕を失った染色体の切断端と長腕の一部と，セントロメアおよび短腕を失った染色体の切断端が再結合して $\widehat{\text{XX}}$ を形成 (2)．

ンダーソンの研究で明らかになった標識遺伝子とセントロメアの位置関係から，ホモ接合になった2つの遺伝子は，X 染色体のセントロメアから遠位の染色体領域を標識している．また，体細胞組換えは，スターン (1936) によって，減数分裂期の組換えと同様に，四分子期 (G_2 期) でおこることが証明されている．例の$\widehat{XX}$生成の可能な機構を図26に示している．

半四分子分析　アンダーソンは，ショウジョウバエの組換え機構の研究を一段と飛躍させる新たな方法を開発した．複合染色体を用いる半四分子分析である．これは，$\widehat{XX}Y$ 雌の第一減数分裂前期において二価染色体を構成していた四分子の半分（半四分子）をもつ卵ができることを利用する方法である．

原理的には，ブリッジェス (1916) の「均等」変異体を利用する分析法も半四分子分析であるが，彼の方法が第二減数分裂で不分離をおこした1対の姉妹染色分体を対象にするのに対して，$\widehat{XX}Y$ 雌を利用する方法は1対の**非姉妹染色分体**を対象とする点で異なっている．さらに異なる点は，$\widehat{XX}Y$ 雌の娘のすべてが不分離体であるのに対して，「均等」変異体は，親が XX 雌でも $\widehat{XX}Y$ 雌でも，稀にしか出現しないことにある．

多重標識 $\widehat{XX}Y$ 系統　アンダーソンがみつけた $\widehat{XX}Y$ 雌の遺伝子型は，母親の遺伝子型から ($br\ ec\ cv + t + f/br\ ec + ct + g +$) と推定できた（図25B）．［広い翅］の遺伝子 br (*broad*) と［大型眼］の遺伝子 ec (*echinus*) をホモ接合でもつため，この $\widehat{XX}Y$ 雌の系統では，毎代，雌が［広い翅・大型眼］を発現する．この表現型は，$\widehat{XX}$ が安定して維持されていることを保障するが，遺伝子型が維持されているかどうかは教えてくれない．組換えがおこるからである．

遺伝子型の同定 (1)　$\widehat{XX}Y$ 系統が維持しているヘテロ接合の5遺伝子の内，cv (*crossveinless*) の表現型［翅脈欠損］は br の表現型［広い翅］と同時に発現すると判別困難であった．アンダーソンは，他のヘテロ接合4遺伝子の表現型を指標にして，組換えを検出する交配実験を行った．

ある $\widehat{XX}Y$ 雌と B/Y 雄の P 交配から得られた F_1 の $\widehat{XX}Y$ 雌の内，標識遺伝子の表現型を発現したハエは次の6群に分けられた：

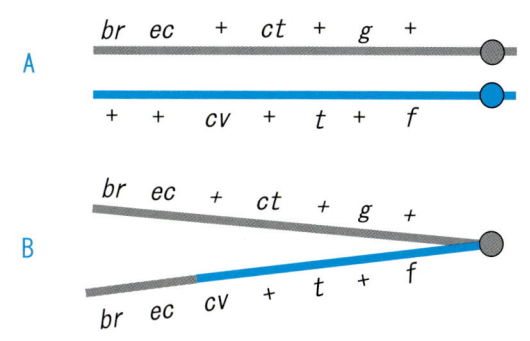

図25 アンダーソン（1925）が孵化直後にX線照射したXX雌の遺伝子型（A）とその生殖細胞系列の細胞で形成された$\widehat{XX}$の遺伝子型（B）

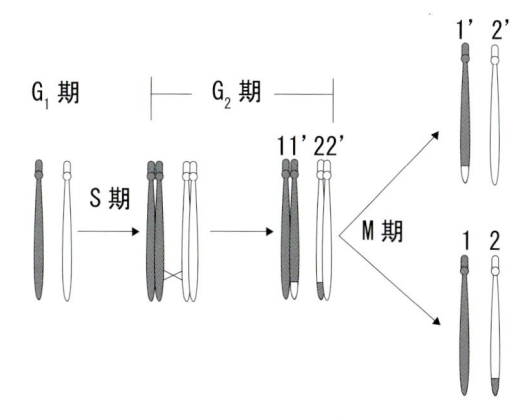

図26 アンダーソン（1925）の$\widehat{XX}$の可能な生成機構

G_2期の細胞において，相同染色体の非姉妹染色分体間でおきた交叉（×）による組換え型の染色分体2と非組換え型の染色分体1が，M期において，同じ娘細胞に入ると，染色体1と染色体2の灰色領域の遺伝子はホモ接合になる．この細胞において，図24B(2)と同様な過程を経て$\widehat{XX}$が形成されたと考えられる．

① ［先細り翅 (ct)］,
② ［日焼け体色 (t)］,
③ ［ガーネット眼 (g)］,
④ ［フォーク状剛毛 (f)］,
⑤ ［t・f］,
⑥ ［ct・g］.

ここで①〜④は，標識遺伝子 ct, t (tan), g, f それぞれがホモ接合になって現れた表現型で，母親の$\widehat{XX}$がこれら4つの遺伝子をもっていたことを示す．⑤は遺伝子 t と f が$\widehat{XX}$の一方のX染色体を標識し，⑥は遺伝子 ct と g が他方のX染色体を標識していたことを示す．4つの遺伝子の連鎖地図上での位置関係は既知であったので，これらの結果から，P雌の遺伝子型は (ct + g + / + t + f) と決まった．同時に，交叉は四分子期におきていることが明らかになった．

同様にして，F_1 で上記①〜⑤に加えて，［ct・t・f］が出現した別の$\widehat{XXY}$雌の遺伝子型は (ct t + f / + + g +) と同定された．さらに別の遺伝子型の$\widehat{XXY}$雌が$\widehat{XXY}$系統から得られた．

結局，彼は，$\widehat{XXY}$系統の雌バエ89個体の遺伝子型を1個体ずつていねいに調べて，この系統は，遺伝子型 (ct + g + / + t + f), (ct t + f / + + g +), (+ t g + / ct + + f) および (ct + g f / + t + +) の$\widehat{XXY}$雌の混在集団であることを確認した．

セントロメアの位置 この確認のために調べたF_1の雌バエ4344個体の中で［ct］と［t］を発現していたハエが占める割合は，それぞれ15.5%, 16.1%, 次いで［g］が9.5%,［f］が最小の5.2%であった．この結果から，アンダーソンは，黄体色遺伝子 y (図15参照) を左端とする第1連鎖群の連鎖地図上で，セントロメアの位置を右端に定めた．

何故？わかってしまえば簡単なことである．図27をみてみよう．そのAに示している染色体領域Ⅰ〜Ⅳの中で最もセントロメアに最も近い領域Ⅳで交叉 (後述する非相互的交叉) がおこれば，4つの標識遺伝子のいずれもホモ接合になるチャンスがある (B)．しかし，交叉が領域Ⅲ，Ⅱ，Ⅰへとセントロメ

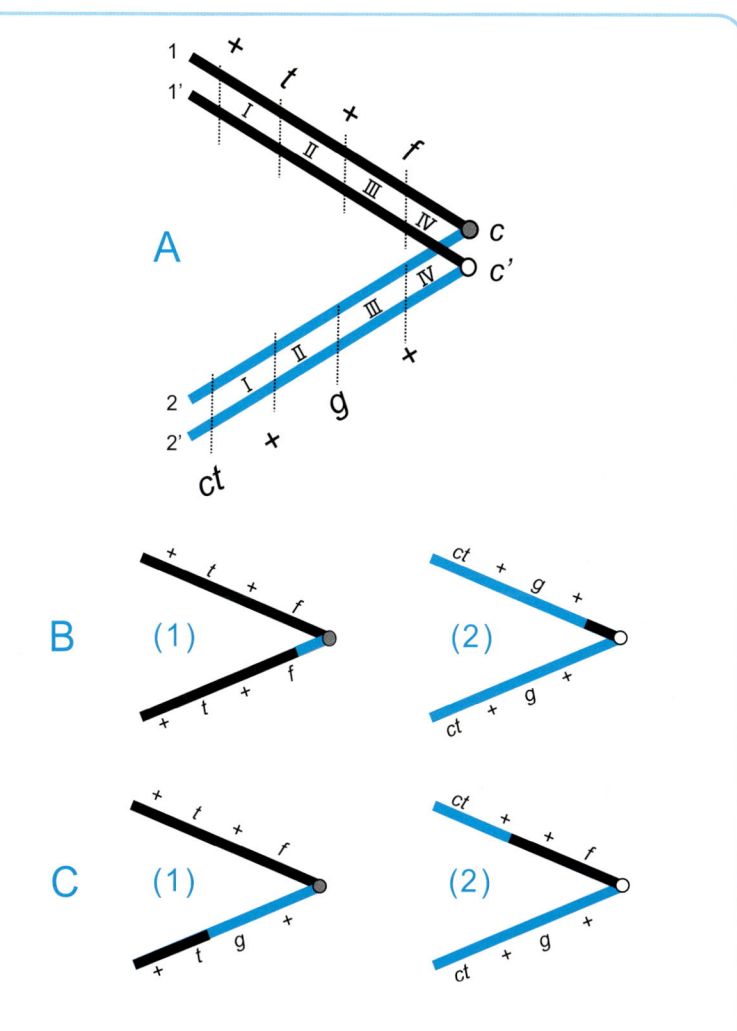

図 27 四分子期における四重ヘテロ接合体 $\widehat{XX}$ と組換え $\widehat{XX}$

A. 図中，アンダーソンの XX を標識している 7 つの遺伝子（図25B）の内，彼が組換えの検出に用いた遺伝子のみを示している．I〜Ⅳは標識遺伝子を境にして区切った領域．1 と 1'，2 と 2' は姉妹染色分体．
B. 染色分体1 と 2' の領域Ⅳの非相反的交叉による2型の組換え $\widehat{XX}$.
C. 染色分体1 と 2' の領域Ⅱの非相反的交叉による2型の組換え $\widehat{XX}$.

アから遠くなるにつれて，そのチャンスがある遺伝子の数は 3，2，1 と順次減っていく．例えば，領域IIでは，遺伝子 ct あるいは t に限ってホモ接合の組換え体ができる (C)．上記の割合は，このように標識遺伝子のホモ接合になりやすさを反映しているのである．

遺伝子型の同定 (2)　上述したように，F_1 雌の表現型から P 雌の遺伝子型と連鎖地図上でのセントロメアの位置が決まった．F_1 の遺伝子型がわかれば，配偶子形成過程で交叉がどのようにおきているのか知ることができる．F_1 雌の遺伝子型は F_2 雌の表現型を調べればわかる．

実際，そのようにして，アンダーソンは遺伝子型 ($ct+g+/+t+f$) の $\widehat{XXY}$ 雌と B/Y 雄の P 交配から得た F_1 の $\widehat{XXY}$ 雌 188 個体すべての遺伝子型を決めて，112 例の組換え $\widehat{XX}$ を検出した．

相互的交叉　その中で，図27 D, E の (1) のような組換え体は，F_1 で表現型を発現せず，遺伝子型から組換え $\widehat{XX}$ であると同定されたケースである．このような組換え体は，セントロメアを共有している 2 つの非姉妹染色分体 (図27 A の 1 と 2, 1' と 2') 間の交叉，あるいは二分子期における相同染色体間の交叉によるもので，彼は，このタイプの交叉を相互的交叉と呼んだ．

相互的交叉が四分子期に 1 回おこると，四分子の内，図27 の D と E の (2) のように，「二分子」は非組換え $\widehat{XX}$ になるので，相互的交叉が次世代で組換え $\widehat{XX}$（相互的組換え体）として検出できる確率は 1/2 になる．これは，二次卵母細胞に入った組換え $\widehat{XX}$ と非組換え $\widehat{XX}$ からなる四分子染色体が，第二分裂で分かれて極体と卵に配分される際に，卵に組換え $\widehat{XX}$ が入る確率である（図28 A 参照）．

非相互的交叉　彼は，セントロメアを共有しない染色分体間の交叉（図27 A の 1 と 2', 1' と 2) を非相互的交叉と呼んだ．これは，四分子期以外では考えられないタイプの交叉である．それが 1 回おこると，その結果は確実に次世代で 1 個の組換え $\widehat{XX}$（非相互的組換え体）として検出できる（図27 B, C）．

これは，二次卵母細胞に入った 2 型の組換え $\widehat{XX}$ からなる四分子染色体が分離して，卵と二次**極体**に配分される際，いずれかの組換え $\widehat{XX}$ が確実に卵に入

図27 (続き)

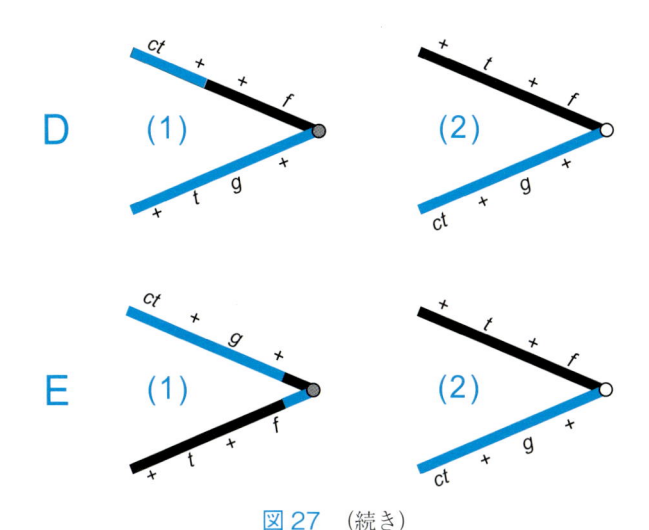

D. 染色分体1と2の領域IIの相互的交叉による組換え $\widehat{XX}$ (1)と染色分体1'と2'からなる非組換え $\widehat{XX}$ (2).

E. 染色分体1と2の領域IVの相互的交叉による組換え $\widehat{XX}$ (1)と染色分体1'と2'からなる非組換え $\widehat{XX}$ (2).

| 染色分体間 |
| 交叉の原則 |

アンダーソンは,F_1 の $\widehat{XXY}$ 雌の遺伝子型の分析から,検出された単組換えはすべて,四分子期における相互的交叉あるいは非相互的交叉によることを明らかにした(本文参照).これは後に組換え機構の原則の1つとして広く認められるようになった「1回の交叉は2つの染色分体間に限られている」の証明である.この原則によれば,相互型でも非相互型でも単交叉は2つの組換えX染色体と2つの非組換えX染色体をもたらすはずである.図27のB〜Eに例示しているように,実際にそうであることを彼の研究は証明した.

るからである (図 28 A).

キアズマ型説の証明　検出された組換え $\widehat{\mathrm{XX}}$ のすべてが四分子期の交叉の結果であれば，上述したように，相互的交叉が組換え体として検出できる確率は 0.5 で，非相互的交叉の場合は確率 1 である．したがって，相互的交叉と非相互的交叉が等しくおこれば，相互的組換え体と非相互的組換え体の理論的な相対比は 1：2 となる．

　アンダーソンは，この仮説の下，領域 I～III における相互的組換え体と非相互的組換え体の頻度を別個に集計した．それぞれの組換え体の頻度の集計値は 15.6%，29.7%，相対比はほぼ 1：2 となり，上記の理論的相対比と一致した．この一致から，彼は「非姉妹染色分体間の相互的交叉と非相互的交叉は等しい頻度でおきている」と結論した．

　今日からみれば，彼の結論は控えめである．「遺伝子の組換えはすべて四分子期の非姉妹染色分体間の交叉による」でよかった．

組換え頻度　ところで，彼の結論は通常の XX 雌における組換えには当てはまらないのではないか？アンダーソンは $\widehat{\mathrm{XX}}$ と XX における組換え頻度を比較して，この懸念を払拭した．

　彼は，F_1 世代の $\widehat{\mathrm{XX}}$Y 雌 1 個体を 2 つの X 染色体として，通常の XX 雌における組換え頻度の計算法に従って組換え頻度を求めた．すなわち，F_1 世代で組換えの有無を調べた X 染色体の総数に対する組換え X 染色体の数の相対比として，領域 I～IV における頻度を算出した．この際，相互的組換え体は 2 つの組換え X 染色体として扱った．また，二重組換えの頻度も通常の XX 雌における頻度と同様に，2 回の組換え事象として，それぞれの領域における単組換え頻度に加えられた．

$\widehat{\mathrm{XX}}$ と XX における組換え頻度の比較　アンダーソンが求めた I～IV の各領域 (図 27 A) における組換え頻度と対応する XX における頻度 (括弧内の値) は次のようになった：

　　　　　　領域 I：　　9.3%　　(7.5%),

2.3 付着 X 染色体による半四分子分析 I

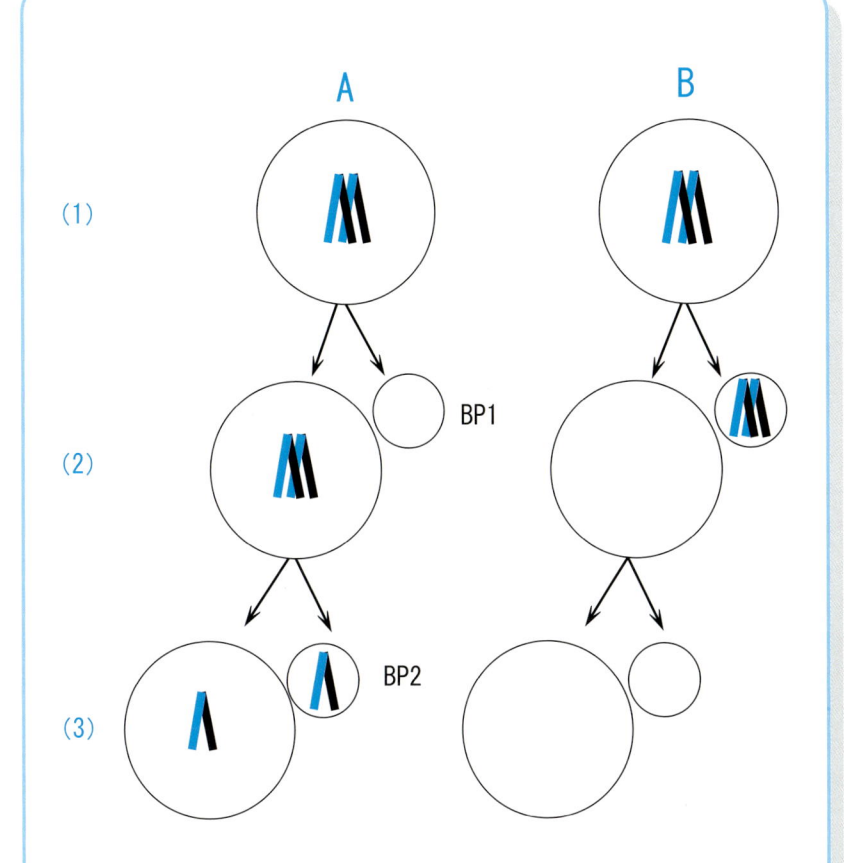

図 28 卵形成過程における $\widehat{XX}$ の行動

A. 一次卵母細胞 (1) が第一分裂後,二次卵母細胞 (2) と一次極体 (BP1) に分かれる.この際,卵母細胞に $\widehat{XX}$ が入ると,第二分裂後,卵 (3) にも二次極体 (BP2) にも $\widehat{XX}$ が入る.いずれの極体もやがて消失して,遺伝には関与しない.

B. 一次卵母細胞の第一分裂後,$\widehat{XX}$ が一次極体 (BP1) に入ると,$\widehat{XX}$ をもたない卵ができる.そのため,$\widehat{XX}$ は遺伝しない.このケースは遺伝学の対象にならない.

領域II： 13.2%　(16.9%),
領域III： 13.6%　(12.1%),
領域IV： 10.8%.

$\widehat{XX}$ のそれぞれの領域における頻度が XX における頻度とほぼ一致した．この一致は，$\widehat{XX}$ における交叉は，XX における交叉と同様に，規則正しく正常におきていることを示している．同様な XXY と XX における組換え頻度の一致は，次節で紹介する研究を含む他の研究で繰り返し認められ，半四分子分析の信頼性が確立した．

なお，領域IVの組換え頻度10.8%は，この領域における非相互的組換え（図 27 B）の実測頻度5.4%を2倍した値である．2倍したのは，この領域で相互的交叉がおきても，標識遺伝子の組換え体として検出できないからである（図 27 E）．

2.4　付着 X 染色体による半四分子分析 II

エマーソンとビードル (1933) およびビードルとエマーソン (1935) は，独自に作成した $\widehat{XX}$Y 系統を用いて，前節で紹介したアンダーソン (1925) の実験を追試し，彼が得た結果を確認した．さらに，彼らはアンダーソンの実験で明らかにされなかった2点について詳細な研究を行った，それらは二重交叉と姉妹染色分体間の交叉に関わる問題である．

2.4.1　非姉妹染色分体間の二重交叉

多重標識 $\widehat{XX}$Y 系統 (1)　エマーソンたち (1933) は，フォーク状剛毛遺伝子 f をホモ接合，5つの標識遺伝子をヘテロ接合でもつ $\widehat{XX}$Y 系統を作成した（図 30）．ヘテロ接合の遺伝子のみで記すと，この $\widehat{XX}$ の遺伝子型は $(v + s + B / + m + g +)$ である．

この遺伝子型の $\widehat{XX}$ では，図 30 の G_4 の $\widehat{XX}$ に示している I〜V の5領域における交叉が組換え $\widehat{XX}$ として検出できる．彼らは，$\widehat{XX}$Y 雌が産んだ1791個

2.4 付着X染色体による半四分子分析 II

新たな複合染色体　モーガン夫人 (1922) の $\widehat{XXY}$ 系統でもアンダーソンの $\widehat{XXY}$ 系統でも，低頻度ながら，$\widehat{XX}$ が脱付着して生じたX染色体をもつハエが出現した．脱付着X染色体は，図28A(1) に示しているX染色体とY染色体の短腕 (Y^S) の複合染色体 $\widehat{XY^S}$，あるいは A(2) に示しているX染色体とY染色体長腕 (Y^L) の複合染色体 $\widehat{XY^L}$ であることをカウフマン (1933) が明らかにした．図28B にはその生成機構として彼が提唱し，1980年代に正しいことが認められた，XY対合と**染色分体交換**モデルを示している．

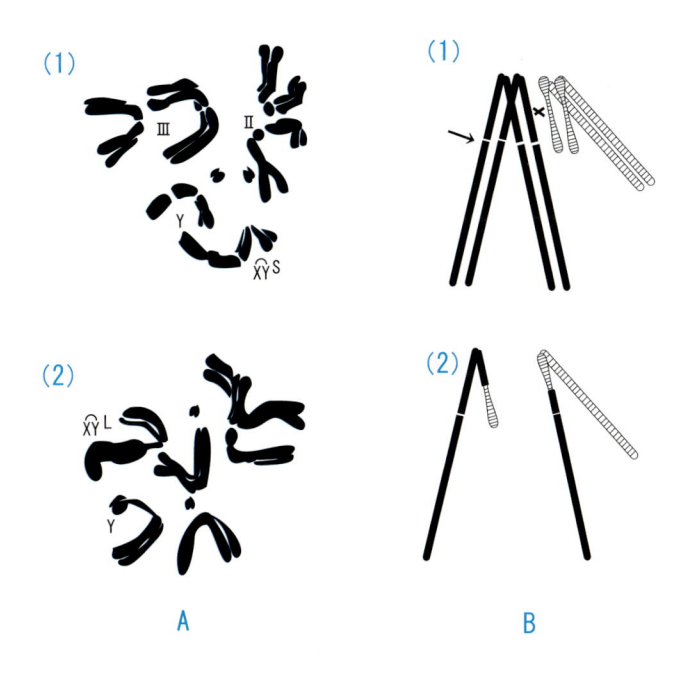

図29　脱付着X染色体の細胞学的形態 (A) と生成機構 (B)
　　　（カウフマン，1933 を模写）

B(1) の黒棒は $\widehat{XX}$，斜線棒はY染色体．→はX染色体の**核小体形成領域**に認められる**二次狭窄**（きょうさく）を指す．B(2) の左は $\widehat{XY^S}$．右は $\widehat{XY^L}$．

体の $\widehat{XXY}$ 雌の遺伝子型を決定し，961例の組換え $\widehat{XX}$ を検出した．

二重交叉(1) アンダーソン(1925)は，単組換えをもたらす相互的交叉と非相互的交叉が等しくおきていることを証明した．二重組換えに関するエマーソンたちの課題は，2回の交叉のそれぞれで相互的交叉と非相互的交叉が等しくおきているかどうかを問うものであった．

彼らは，「等しくおきている」という仮説をたてて，この仮説の当否を検証した．この仮説の下では，1回目の交叉が相互的でも非相互的でも，2回目はいずれのタイプの交叉も自由におこる．

1回の非相互的交叉がセントロメアに近い領域でおこる場合を図31に示している．図中のAは2つの非姉妹染色分体間の二重交叉による2鎖交換，B_1 と B_2 は3つの染色分体が含まれる3鎖交換，Cはすべての染色分体が交叉する4鎖交換である．したがって，4通りの二重交叉が等しくおきるということは，「2鎖交換」：「3鎖交換」：「4鎖交換」 = 1：2：1を意味する．これが証明できればいい．

しかし，3鎖交換による組換え $\widehat{XX}$ の半数，すなわち，図31 B_1 の (1) と B_2 の (2) は2鎖交換による組換え $\widehat{XX}$ と同じ遺伝子型になり，B_1 の (3) と B_2 の (4) は4鎖交換による組換え $\widehat{XX}$ と同じ遺伝子型になるので，上記の比は「2鎖交換」：「4鎖交換」 = 1：1と同義である．

この理論比が成立するか否かは，図31中の (1) 〜 (4) の4型の組換え $\widehat{XX}$ のいずれの組み合わせでも1：1となるかどうかを検討すればいい．実際にエマーソンたちの検討対象となったのは，次に記す，(1)：(4) に対応する二重組換え体の実数比である：

$$
\begin{array}{ll}
\text{領域I－領域II} & 0：1, \\
\text{領域I－領域III} & 15：14, \\
\text{領域II－領域IV} & 22：18, \\
\text{領域III－領域IV} & 1：2.
\end{array}
$$

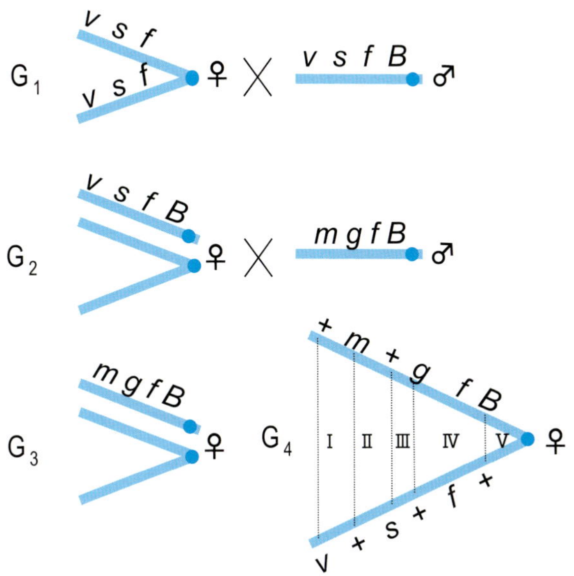

図30 エマーソンとビードル（1933）による多重標識$\widehat{XX}$の作成

G$_1$. 第3染色体の突然変異遺伝子 *c3G* をホモ接合でもつ$\widehat{XX}$Y 雌を，この雌と同じ3つの伴性標識遺伝子に加えて棒状眼遺伝子 *B* をもつ XY 雄と交配．*c3G* のホモ接合体$\widehat{XX}$Y 雌は，第一減数分裂前期において相同染色体を接着させるシナプトネマ構造が形成されないので高頻度で第一分裂の不分離をおこし，常染色体を2セットもつ$\widehat{XX}$卵をつくる．

G$_2$. 次世代で，母親と同じ劣性の表現型に加えて優性の棒状眼を発現している三倍体$\widehat{XX}$X 雌を採取し，遺伝子 *f* と *B* に加えて，この雌と異なる表現型を発現する2つの遺伝子をもつ XY 雄と交配．

G$_3$. 次世代で，遺伝子 *f* と *B* の表現型を発現している三倍体$\widehat{XX}$X 雌を採取して，通常の XY 雄と交配．

G$_4$. 母親の配偶子形成過程で$\widehat{XX}$と X の間の組換えの結果できた$\widehat{XX}$を，次世代でフォーク状剛毛と棒状眼を呈している二倍体$\widehat{XX}$Y 雌として採取．この雌（五重ヘテロ接合体）の系統を組換え実験に使用．

これらの数を集計すると，(1) : (4) = 38 : 35 となり，理論的相対比の 1 : 1 とほぼ一致した．この一致によって，2回の交叉のそれぞれで相互的交叉と非互的交叉が等しくおきているという彼らの仮説の正しさが半分証明された．

「半分」というのは，ここで証明されたのは「2鎖交換」:「4鎖交換」= 1 : 1 であって，3鎖交換がこれら 2 型のいずれの交換よりも 2 倍高い頻度で生じていることは証明していない．これは図31のモデルの問題ではない．その証明は，図32に示すモデルを仮説として設定して初めて可能になる．彼らが検出した二重組換え体の数は図32のモデルの当否を検討するには不足していたのである．この点は，後述するビードルとエマーソン (1935) の実験で克服できた．

干渉(1) なお，上に示したデータから，隣り合う領域間（例えば，領域 I と II の間）よりも 1 つ離れた領域間（領域 I と III の間）でより多くの二重組換え体が検出されたことがわかる．これは，染色体のある部位で交叉がおこると近傍では交叉がおこりにくいという干渉の現象 (1.3，1.4 節参照) を反映している．今，問題にしているは，2 回目の交叉の「おこりやすさ」ではなくて，初回交叉が相互的でも非相互的でも，これら 2 通りの交叉が 2 回目でも自由におこるかどうかという「おき方」である．

2.4.2 非姉妹染色分体間の二重交叉（続）

多重標識 XXY 系統 (2) ビードルとエマーソン (1935) が使用した $\widehat{\text{XXY}}$ 系統の遺伝子型は下記の通り：

$$\frac{sc + cv + v + f\, cr}{+\ ec + ct + s + +}\ .$$

ここで，sc（$scute$）は胸部の一部で劣性形質の剛毛欠損をもたらす突然変異遺伝子で，連鎖地図上の左端（地図単位 0.0）に位置する．一方，cr（$carnation$）は当時の地図上で右端 (66.0) に位置する遺伝子で眼色を濃い赤色（葡萄酒色）にする．上記の遺伝子型の $\widehat{\text{XX}}$ では，標識遺伝子 $sc - ec$ 間を領域 I として，

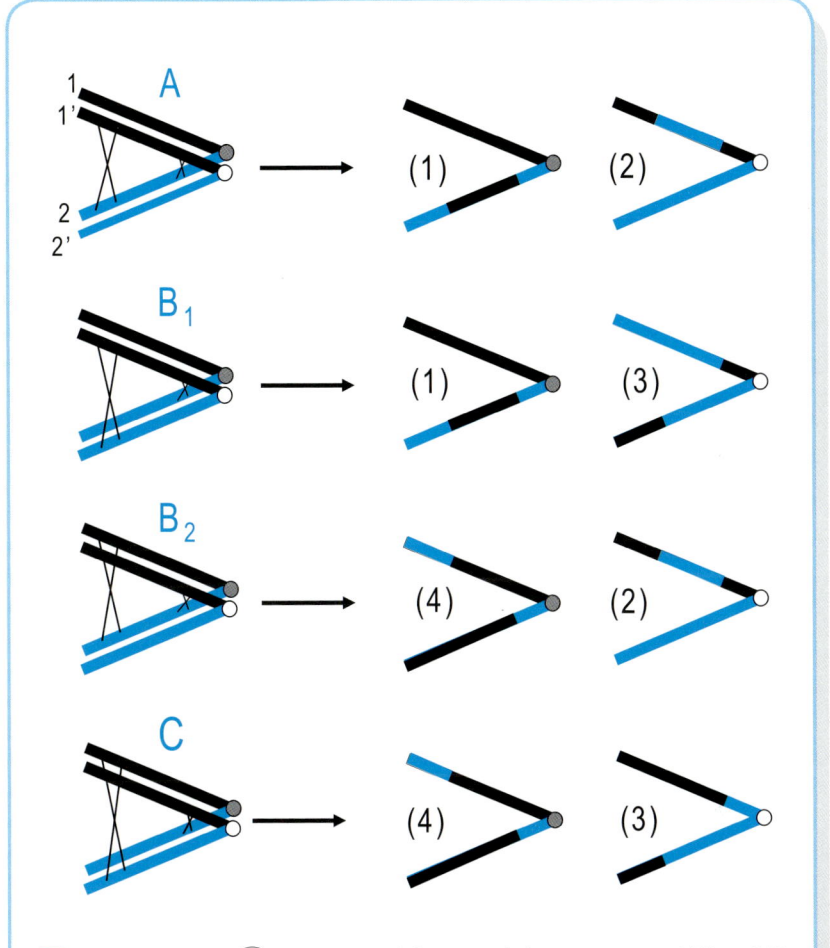

図31 四分子期の $\widehat{XX}$ における二重交叉の一方をセントロメア近位の非相互的交叉とした場合に期待される4型の組換え $\widehat{XX}$（ビードルとエマーソン，1935を改写）

A. 染色分体1'と2を交換する二重交叉 (2鎖交換)
B_1. 染色分体1'と2と2'を交換する二重交叉 (3鎖交換)
B_2. 染色分体1と1'と2を交換する二重交叉 (3鎖交換)
C. 4つの染色分体を交換する二重交叉 (4鎖交換)

cr – セントロメア間の領域Ⅷまでの各領域における交叉が組換え$\widehat{XX}$として検出できる．

二重交叉 (2)　彼らは，$\overline{XXY}$雌が産んだ1478個体の$\overline{XXY}$雌の遺伝子型を決定し，1080例の組換え$\widehat{XX}$を検出した．

図32には，1回の相互的交叉がセントロメアに近い領域でおきた場合の二重交叉のおこり方を示している．この非相互的交叉を固定した場合，図31のモデルと同様に，2回目の交叉が自由におこれば，「2鎖交換」：「3鎖交換」：「4鎖交換」＝1：2：1となる．異なる点は，(1)～(7)で区別している図中の組換え$\widehat{XX}$のいずれも二重交叉のおき方を特徴付けることにある．例えば，組換え$\widehat{XX}$ (2) は3鎖交換をもたらすB_1の二重交叉以外では形成されない．ただし，4鎖交換による組換え$\widehat{XX}$の(6)と(7)は単組換え体と区別できない．しかし，これは問題ない．「2鎖交換」：「3鎖交換」＝1：2が証明できればいい．

ビードルたちは，「2鎖交換」：「3鎖交換」＝1：2が成立するかどうかを検討するため，図32に示している，2鎖交換に特徴的な組換え$\widehat{XX}$の(1)，3鎖交換B_1による(2)，およびB_2による(4)に対応する二重組換えの頻度を求めた．算出された頻度(%)の(1)：(2)：(4)の比の具体例を次に示す：

領域Ⅰ − 領域Ⅲ　0.22：0.23：0.22，
領域Ⅱ − 領域Ⅳ　0.14：0.11：0.06，
領域Ⅲ − 領域Ⅵ　0.07：0.11：0.26．

ここで例示したように，各領域間で求めた頻度は非常に低く，頻度の比が1：1：1に近いケースもあればそうでないケースもあった．しかし，二重組換えが検出された全18組の領域における組換え頻度をタイプ別に集計すると，(1)：(2)：(4)＝1.60：1.93：2.29となり，理論比の1：1：1からのずれは統計学的に有意ではなかった(理論比からのずれは偶然とみなせた)．すなわち，「2鎖交換」：「3鎖交換」＝1：2が成立した．

前項で紹介した先行研究 (1933) の成果を含めて，遂に彼らは「2鎖交換」：

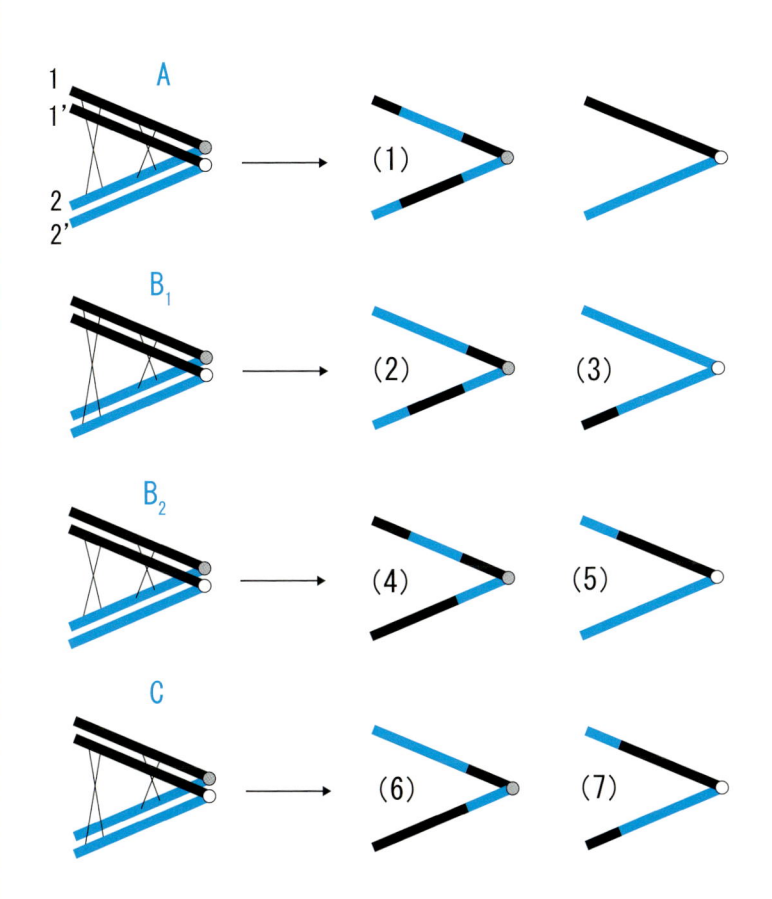

図 32 四分子期の $\widehat{XX}$ における二重交叉の一方をセントロメア近位の相互的交叉とした場合に期待される 7 型の組換え $\widehat{XX}$（ビードルとエマーソン，1935 を改写）
A. 染色分体 1 と 2 を交換する二重交叉 (2 鎖交換)
B_1. 染色分体 1 と 2 と 2' を交換する二重交叉 (3 鎖交換)
B_2. 染色分体 1 と 1' と 2 を交換する二重交叉 (3 鎖交換)
C. 4 つの染色分体を交換する二重交叉 (4 鎖交換)

「3鎖交換」：「4鎖交換」＝1：2：1を証明したのである．彼らの言葉を使えば，これは四分子期において，非姉妹染色分体間で2回の交叉がランダムにおきている証拠．この1：2：1の比は，後に**アカパンカビ**の四分子分析法（後述）による研究（1962）によって確認された．

干渉(2) 非姉妹染色分体間の**ランダム交叉**の証明の意義は大きい．2回目の交叉が，初回交叉と同じ非姉妹染色分体間でおこる場合に限って干渉を受けるのか，別の非姉妹染色分体間でおこる場合でも干渉されるのか不明であったが，それは，どちらの場合でも，同程度に干渉されていることを明らかにしたからである．

2.4.3 姉妹染色分体間の交叉

ビードルとエマーソンの研究のもう1つの重要課題は姉妹染色分体間で交叉がおこるか否かであった．このタイプの交叉は図32Aの染色分体1と1'の間あるいは2と2'の間の交叉である．それらは遺伝子の組換えをもたらさない．しかし，もし非姉妹染色分体間の交叉と同程度の頻度でおきていれば，組換え頻度に影響する．姉妹染色分体間交叉がおきている部位では同時に非姉妹染色分体間交叉がおこらないはずだからである．

検証 XXY雌の次世代で表現型を発現する組換え体は非姉妹染色分体間の非相互的交叉の結果である．彼らは，「姉妹染色分体間の交叉はおきない」という仮説の下，標識遺伝子が非姉妹染色分体間交叉でホモ接合になる期待頻度と地図距離の関係式を求めた．図33の曲線がこの式を表している．同じグラフに標識遺伝子のホモ接合体の出現頻度（黒丸）をプロットすると，実測頻度は期待値とほぼ重なった．この結果から，彼らは「姉妹染色分体間の交叉はおきていないか，おきていても非姉妹染色分体間の交叉に影響しないほどである」と結論した．

リング染色体 ビードルとエマーソンに先んじて，彼らとは全く別の方法で，モーガン夫人（1933）は，彼らと同じ結論に達していた．彼女の結論は，「交叉抑制因子」delta-49（図58参照）をもつX染色体とリング状のX染色体X^oの

> **16.7%を超えるか？**

図33中で水平に引いた直線は，2通りの姉妹染色分体間交叉と4通りの非姉妹染色分体間交叉の計6通りの交叉のそれぞれが等しくおきているという仮説の下，F_1で期待されるホモ接合体の出現頻度の最高値16.7%（= 1/6）を示す．期待頻度1/6は，6通りの交叉のうち，1通りの非相互的交叉が標識遺伝子をホモ接合にすることを意味する．セントロメアから最遠位3遺伝子のホモ接合体の出現頻度がこの頻度を超えた事実は，上記の仮説を否定する．ところが，この頻度を超えても，非姉妹染色分体間の交叉のみで組換えがおこる場合に期待される最高頻度25%（= 1/4）には達していない．これは，セントロメアから離れれば離れるほど二重組換えがおきやすくなるからである．

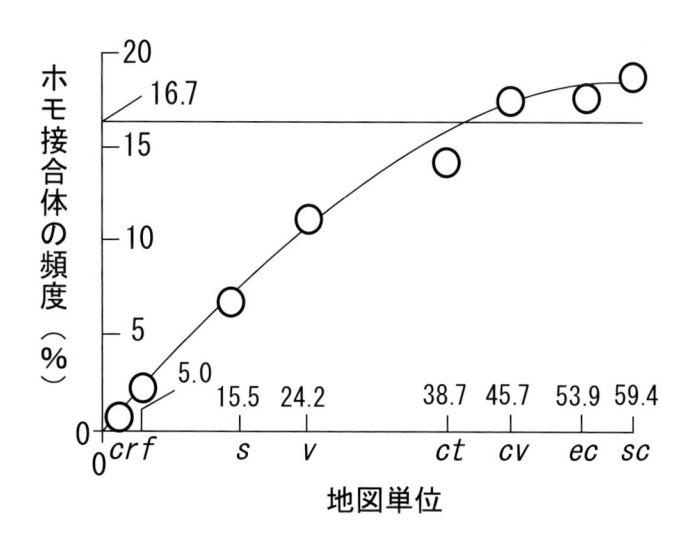

図33 標識遺伝子のセントロメアからの地図距離とそのホモ接合体の出現頻度の関係（ビードルとエマーソン，1935を改写）

図中の地図単位は彼らが測定した組換え頻度に基づく値．

ヘテロ接合体（delta-49/X⁰）雌の次世代において，X⁰をもつハエとdelta-49をもつハエがほぼ1：1で出現した事実に基づいている．

このヘテロ接合体では組換えはおこらない．また，X⁰は，姉妹染色分体間で交叉をおこせば，大きな**二動原体リング染色体**を形成する（図34）．二動原体染色体は次世代に伝わらない．したがって，姉妹染色分体間の交叉が組換えに影響するほど頻繁におきると，X⁰をもつハエの出現数は顕著に少なくなるはずだが，そうはならなかったのである．

確認 後に，ビードルたちと同様な解析法を用いて，アカパンカビの減数分裂期における非姉妹染色分体間の交叉の可能性が検討された（1962）．リング染色体を用いる方法は，**イースト**の減数分裂期における姉妹染色分体間交叉の発生頻度の測定に用いられた（1985）．いずれの研究成果も，姉妹染色分体間の交叉は非姉妹染色分体間の交叉に影響するほどの頻度でおきていないことを確認するものであった．

姉妹染色分体交換 姉妹染色分体間の交叉は，現在の細胞学における常用語では，姉妹染色分体交換（**SCE**）を指す．SCEは，テイラー（1958）によって，ソラマメの根端細胞において，細胞学的実態が初めて明らかにされた現象である．その後，ショウジョウバエを含む多くの真核生物の二倍体細胞で認められ，その生成の分子機構が減数分裂期の組換えと共通している証拠が蓄積している．しかし，減数分裂期において，SCEを抑制している機構は未だに謎として残っている．

2.5　四分子分析

前節まで解説してきたように，ショウジョウバエの半四分子分析による研究は，交叉による組換えの機構を解明した．この歴史的事実にも関わらず，現在，ほとんどの遺伝学書では，アカパンカビの組換え現象を例示して，交叉のおこり方が説明されている．しかし，著者を責めるわけにはいかない．染色分体間の交叉による組換えの機構がわかってしまえば，アカパンカビの実験例の方がショウジョウバエの実験例よりも説明しやすいのである．

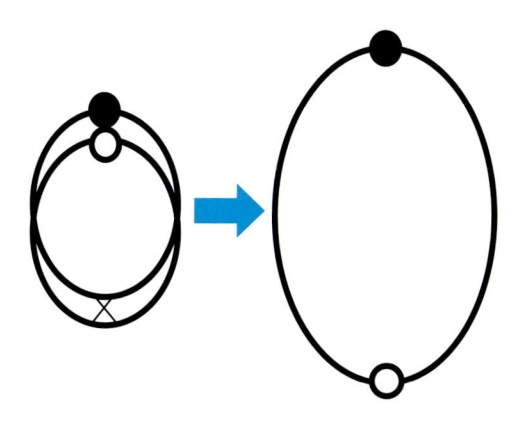

図34 リング染色体の姉妹染色分体間の交叉による大きな二動原体リング染色体の形成

ハエからカビ

　本節で登場したビードルは，アカパンカビの研究から「一遺伝子一酵素説」を提唱 (1945) した功績によって，ターテムとともに1958年のノーベル生理学・医学賞を受賞した．彼の組換え機構の研究は，1928年，コロンビア大学からカルフォルニア工科大学に移ったモーガンが新設した研究室で行われた．モーガンに勧められてアカパンカビの遺伝研究を始めたリンデグレンが同じ研究室にいた．

　1935年，ビードルは，モーガンの援助で渡仏し，パリの生物物理化学研究所にて，エルフッシとともにショウジョウバエの眼色突然変異体の幼虫から取り出した眼原基を野生型の幼虫に移植する実験を行い，遺伝子は物質代謝を支配していることを示す最初の実験的証拠を得た (1935)．帰国後，彼はスタンフォード大学に研究室を構え (1937)，しばらくターテムとともにハエの眼色素の合成に関する生化学的研究を行った．しかし，生化学遺伝学の材料としてのハエの限界が明らかになり，材料をカビに変えた．この微生物は，ハエにとっては必須な栄養素のアミノ酸や各種ビタミンの生合成を行うため，短期間で多くの栄養要求性突然変異体を放射線照射によって得ることができた．

アカパンカビ このカビは，1930年代，ショウジョウバエの強力なライバルとして遺伝学に登場してきた微生物である．その最初の連鎖地図の作成 (1936)，キアズマ型説の証明 (1939) および本節で紹介する四分子分析法の開発 (1933) は前ページのコラムに登場したリンデグレンの功績である．

アカパンカビは**子嚢菌**の一種で，菌糸体は $n = 7$ の半数体である．二倍体は，交配型 A の菌糸体の細胞と交配型 a の菌糸体の細胞が融合して形成される接合体に限られる．接合体は子嚢へと成長し，子嚢内で一列に並んだ8個の胞子 (子嚢胞子) をつくる．現在の理解では，**子嚢胞子**は，接合体の核の DNA 複製と減数分裂を経てできた4核のそれぞれが DNA 複製と均等分裂を行った後，細胞膜と細胞壁で包まれて形成される (図35)．

2.5.1 交叉による組換え

四分子分析 組換えの研究に有利なアカパンカビの特性は，子嚢内に並んだ胞子の遺伝子型を端から2個ずつの4組を順番に調べれば，四分子期における交叉の有無と交叉がどのようにおきたかを知ることができる点にある．

図35を参照してこの点を説明しよう．この図の A には交叉がおこらなかった場合の胞子の並び，B には単交叉がおきた場合の胞子の並びの一例を示している．胞子の並びが A の (++++aaaa) から B の (++aa++aa) に変わっただけで交叉がおきたことを知ることができるのである．また，並びの順序が B 以外の順序，例えば (aa++aa++) であれば B をもたらした交叉とは別の染色分体間で交叉がおきたことがわかる．

二重交叉による4鎖交換 四分子分析法の有用性がより顕著になるのは，二重交叉がおきた場合である．図36には，4鎖交換をもたらす二重交叉がおきた例を示している．このケースは，ショウジョウバエの半四分子分析では図32Cに対応する．そこで示している2型の組換え $\widehat{XX}$ は，「2鎖交換」：「3鎖交換」：「4鎖交換」 = 1 : 2 : 1 のモデルを実験的に検証して，演繹的に証明された組換え体であって，いずれも個別には単組換え $\widehat{XX}$ と区別できない．一方，四分子分析によると，前述した単交叉の場合と同様に，胞子の遺伝子型とその

2.5 四分子分析

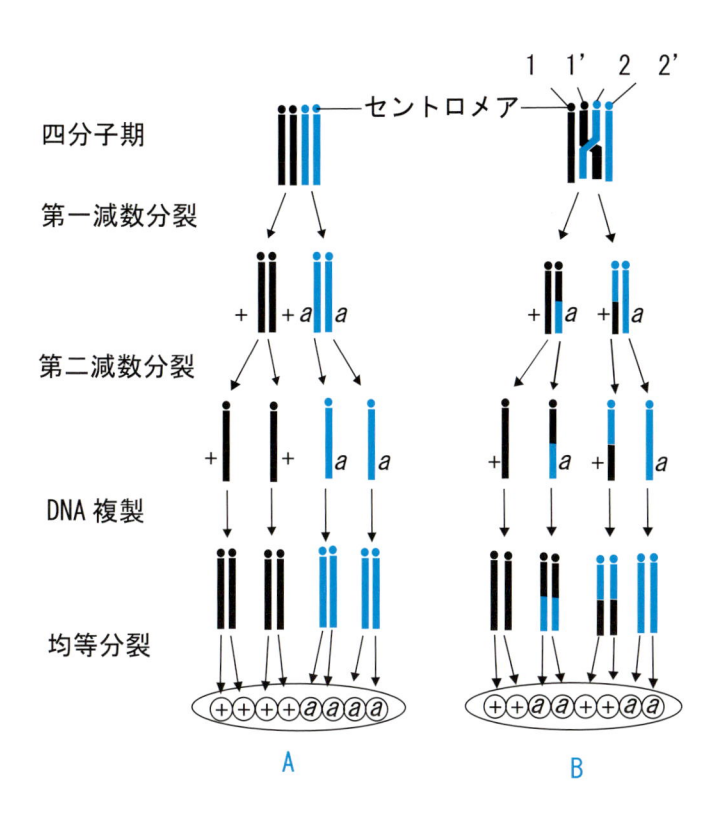

図35 アカパンカビの減数分裂と子嚢胞子形成

A. 交叉がおきなかった場合，1対の対立遺伝子は第一分裂で分離する．
B. セントロメアと標識遺伝子 a の間で交叉がおきた場合，1対の対立遺伝子は第二分裂で分離する．そのため，染色分体1'と2の間で交叉がおこると，子嚢両端の2型の非組換え体に挟まれて組換え体2型が出現する．単交叉が染色分体1と2，1と2'，1'と2'の間でおこれば，それぞれ(aa++++aa)，(aa++aa++)，(++$aaaa$++)の並びで子嚢胞子が形成される．

並びから二重交叉がどのようにおきて，4鎖交換をもたらしたかを，子嚢単位で帰納的に推理できる．

2.5.2 遺伝子変換

「遺伝子変換」理論 四分子分析法なくして，発見できなかった組換え現象がある．遺伝子変換である．この言葉はウィンクラー（1930）の造語であって，減数分裂の過程で1対の対立遺伝子の一方が他方の型に変換することを意味する．彼は，すべての遺伝子組換えは遺伝子変換によると主張して，モーガンのキアズマ型説に基づく組換え理論に異を唱えていた．

証明 遺伝子変換を実験的に証明したのはリンデグレン（1953）である．彼は，アカパンカビと同じ子嚢菌類に属するイーストの四分子分析を行って，ヘテロ接合体がつくる子嚢胞子おいて，対立遺伝子が交叉による組換え（相互的組換え）から期待される4：4に分離するケースに混じって，3：1に分離している**非相互的組換え**現象を発見した．この分離比の歪みが遺伝子変換の証拠である（図37）．1955年，遺伝子変換はミッチェルによってアカパンカビにおいても証明された．

普遍性 ショウジョウバエにおける遺伝子変換は，1970年代初頭，第3染色体右腕の複合染色体を用いる半四分子分析法を開発したチョブニクらによって証明された．現在，遺伝子変換は，調べられた限り，すべての真核生物で普遍的に認められている．

機構 遺伝子変換の機構は1960年代以降，イーストの研究が主導し，ハエにおける研究は1970年代に始まる．これらの研究で，減数分裂に異常をきたす多くの突然変異遺伝子が同定され，解析されてきた．最大の成果は，交叉を伴う遺伝子変換も伴わない遺伝子変換（図37）も特定の遺伝子のはたらきで開始することを明らかにしたことである．ハエの場合，mei-$W68$ が組換え開始に必須なタンパク質 **Spo11** の遺伝子として同定されている（1998）．

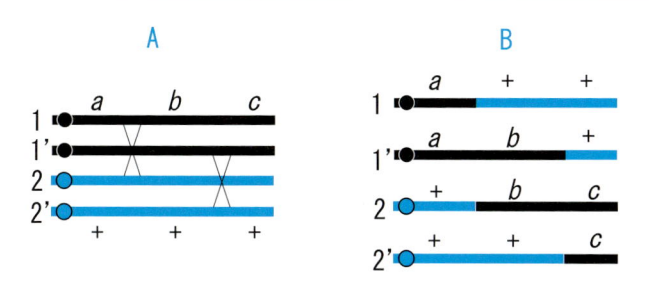

図 36 四分子期の二重交叉による 4 鎖交換（A）と 4 型の組換え染色体（B）
アカパンカビの四分子分析では，各組換え染色体は 2 個並んだ同型の胞子として順に回収できる（図 35 参照）．一方，ショウジョウバエの半四分子分析では，染色体 1 と 2，あるいは 1' と 2' が $\widehat{XX}$ として回収される（図 32 C 参照）．

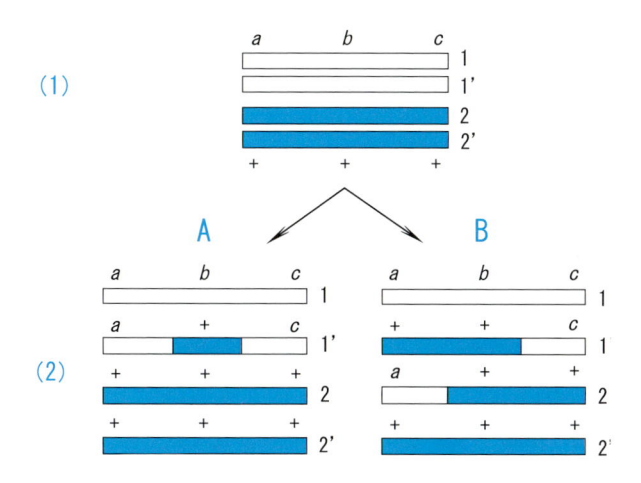

図 37 交叉を伴わない遺伝子変換（A）と伴う遺伝子変換（B）
(1) 四分子期における 2 対の姉妹染色分体．この時期で染色分体 1' の遺伝子 b が染色分体 2 の野生型対立遺伝子 + に変換する．
(2) アカパンカビの場合，その結果できる 4 型の胞子は，子嚢内で，それぞれ 2 個ずつ端から並ぶ．

エピローグ

組換えの普遍性 1946年，レーダーバーグは**大腸菌**における遺伝子の組換えを証明した．染色体を1つ（環状DNAを1分子）しかもっていない大腸菌に他の菌から相同なDNAが入ってくると，組換えがおこるのである．組換え機構の研究を微生物遺伝学が主導する時代の始まりである．

バクテリアの組換え修復 1965年，組換え能力の欠損している大腸菌の突然変異系統の中にX線や紫外線の殺菌作用に高感受性を示す系統（遺伝子は *RecA*）がみつかり，傷ついたDNAを修復する過程（組換え修復）が組換え機構に含まれていることが明らかになった．以後，この *RecA* と関連遺伝子の遺伝子機能の解析を中心にバクテリアにおける組換えの分子機構の研究が進展し，そのほぼ全容が1980年代末までに明らかになった．

Spo11 1990年代になると，*RecA* と相同な遺伝子を真核生物がもっていることが明らかになり，原核生物と真核生物の組換え機構は共通しているプロセスがあると考えられるようになった．現在まで，この考えを支持する証拠が蓄積してきた一方で，真核生物の減数分裂期に特有の組換え機構があることも，イーストとショウジョウバエの研究から，わかってきた．それは，四分子期に対合している非姉妹染色分体の一方に誘発された**DNAの二重鎖切断（DSB）**による組換えの開始である．誘発するのは，DNA分解酵素活性をもつタンパク質 Spo11 である．その遺伝子は，真核生物は普遍的にもっているが，バクテリアはもっていない．

DSB修復モデル 現在，ショウジョウバエで提唱されているモデルによれば，Spo11が誘発したDSB端がさらに分解されてできるDNA鎖の不連続部位と単鎖部を，相同なDNA分子の塩基配列をコピーして治した結果が「交叉を伴う遺伝子変換」と「交叉を伴わない遺伝子変換」である．*RecA* と相同な遺伝子がコードしているタンパク質はこのコピーに至る過程で必須である．

　ここまでわかってくれば，干渉の分子機構と雄バエにおいて減数分裂期の交叉が抑えられているしくみが遠からず明らかになるであろう．

第3章

細胞遺伝学

3.1 異数体
3.2 性決定の遺伝子平衡説
3.3 遺伝子の再配列と染色体の再配列
3.4 細胞学的地図と転座
3.5 組換えの細胞学的証明
3.6 唾腺染色体

第3章 細胞遺伝学

「細胞遺伝学」とは,染色体研究を主とする細胞学と遺伝学の融合分野を指す.この言葉は,細胞学者サットン(1902)の造語であるが,2つの分野が融合するには,モーガンとショウジョウバエの登場を待たねばならなかった.X染色体の遺伝に伴う形質の遺伝(伴性遺伝)の発見(1910)に始まり,染色体の数とサイズに対応する4つの連鎖群の連鎖地図の作成(1914)に到ったモーガン研究室の初期の研究(第1章参照)おいて,細胞遺伝学が実態のある研究領域として成立したのである.

その間の当該研究で特記すべきはブリッジェス(1914)による不分離の研究(1.4節参照)であろう.以後,異常な遺伝現象をまず遺伝学的に解析して,その結果に基づいて仮説をたて,次いで,この仮説の当否を細胞学的に検証する研究法は,ハエの細胞遺伝学的研究の伝統的なものとなった.

1920年代になると,ハエの新たな例外的遺伝現象が次々と発見され,1930年代末までに,前章で紹介した成果を含め,今日まで残る重要な成果があがった.本章では,この間に行われた染色体の数や構造の変化を対象にした細胞遺伝学的研究を紹介する.

3.1 異数体

モーガンの染色体説(1911)の新たな細胞学的証拠が,1921年,ブリッジェスの研究で得られた.この研究で,第4連鎖群の遺伝子の不分離は第4染色体の不分離によっておきることが遺伝学的にも細胞学的にも証明された.

第4染色体の異数体 この証明は,第4染色体の**モノソミー**(一染色体)のハエも**トリソミー**(三染色体)のハエも生存し,雌雄ともに妊性を有しているという,染色体再配列の研究(3.4節参照)に好都合な特性の発見を伴っていた.彼(1922)は,前者を**ハプロ-4**,後者を**トリプロ-4**と呼んだ.

遺伝子平衡説 ハプロ-4(図38)の発見は,ブリッジェス(1922)の遺伝子平衡説を導いた.この説は「形質の発現の程度は,プラス,マイナスの方向ではたらく2群の変更遺伝子の平衡によって決まる」と唱えている.

プラス方向ではたらく変更遺伝子(以下,「+」遺伝子)は形質を誇張する作

ハエの高倍数体と異数体の特徴

配偶子がもっている染色体数 (n) の整数倍を正倍数性，この倍数が正常の2を超えると高倍数性という．ハエの場合，$n=4$ の一倍体（半数体）は個体として生存できない．高倍数性の三倍体（$3n=12$）と四倍体（$4n=16$）は生存して妊性をもつ．三倍体は系統として維持できる（本文参照）．ブリッジェス（1925）によると，彼の三倍体系統に四倍体が出現したが，それらと二倍体雄と交配して得られた子孫のほとんどすべてが三倍体あるいは間性バエだったので系統として維持できていない．

正倍数性の染色体数から染色体が1つ以上増えている異数性の細胞あるいは個体を**高数性二倍体**，減っている場合は**低数性二倍体**という．本文中のトリプロ-4は前者，ハプロ-4は後者の例である．また，三倍体雌が産んだ超雌は高数性三倍体，間性バエと超雄は低数性三倍体である．三倍体系統では，トリプロ-4もハプロ-4も出現したが，大型常染色体の高数性二倍体も低数性二倍体も全く出現しなかった．これらの事実を含めて，ブリッジェスの研究においてほぼ全容が明らかにされた二倍体バエの異数体の特徴を下表にまとめている．

表4　ハエの異数体の特徴

染色体	ナリソミー[a]	モノソミー[b]	トリソミー[c]
X	死[d]	（正常雄）	死[d], 稀に生（不妊）
2	死	死[d]	死[d]
3	死	死	死
4	死	生[e]	生[e]
Y	生[e]（不妊）	（正常雄）	生（不妊）[f]

a), b), c)：それぞれ当該染色体をもたない（無染色体），1つもつ（一染色体），3つもつ（三染色体）二倍体のハエ．d)：成虫期までに致死．e)：生存．f)：クーパー（1956）より．他はすべてブリッジェス（1914～1922）の研究成果．

用,「−」遺伝子は弱める作用をもつ遺伝子である.この説によれば,野生型形質を基準にして,異数性に伴って下記のような遺伝子量の変化がおこれば,変化の方向に対応した異常形質が発現する:

1) 「＋」遺伝子が不足するか,「−」遺伝子が過剰になると,2群の遺伝子間のバランスはマイナス方向に偏るため,形質が弱まる.
2) 「−」遺伝子が不足するか,「＋」遺伝子が過剰になると,2群の遺伝子間のバランスはプラス方向に偏るため,形質が誇張される.

ハプロ-4　この低数性二倍体は,①小型,②短い翅,③淡い体色,④体のサイズに対して比較的大型の眼,⑤胸部背面の三条模様などの異常を呈する(図38B).ブリッジェスによると,①～③は上記1)のケースで,体と翅のサイズおよび体色の発現を増強する方向ではたらいている「＋」遺伝子を第4染色体がもっている証拠である.③と④は2)のケースで,眼のサイズと三条模様の発現を抑える方向ではたらく「−」遺伝子ももっている証拠である.

トリプロ-4　そうすると,この高数性二倍体は,ハプロ-4の異常形質と対照的な形質を発現しているはずである.事実,トリプロ-4は,①やや細長い体長,②少し長い翅,③黒味がかった体色,④小型眼,⑤不明瞭な三条模様などの形質を示している.遺伝子平衡説によると,①～③はバランスが上記2)のプラス方向,④と⑤は上記1)のマイナス方向に傾いた結果になる.

　以上紹介した遺伝子平衡説は,常染色体の異数性に伴う非性的形質の奇形の成因を説明する.次節で紹介するように,彼はそれを性的形質を説明する説へと展開した.

3.2　性決定の遺伝子平衡説

　第4染色体の不分離を発見した同じ年(1921),雌雄の判別ができないハエ(間性バエ)をブリッジェスが発見した.この発見は,当時,広く信じられていた「動物の雌雄はX染色体の数で決まる」を否定して,性決定のメカニズ

3.2 性決定の遺伝子平衡説　　87

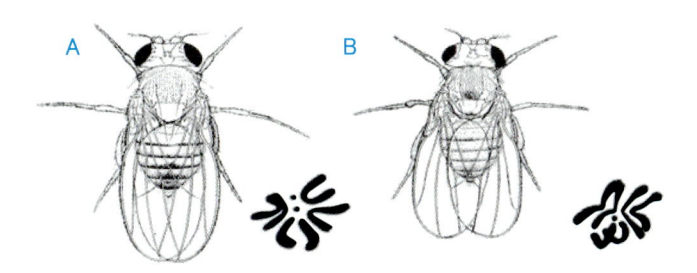

図 38　正常雌バエ (A) とハプロ-4 の雌バエ (B) とそれぞれの染色体構成（ブリッジェス，1922 より）

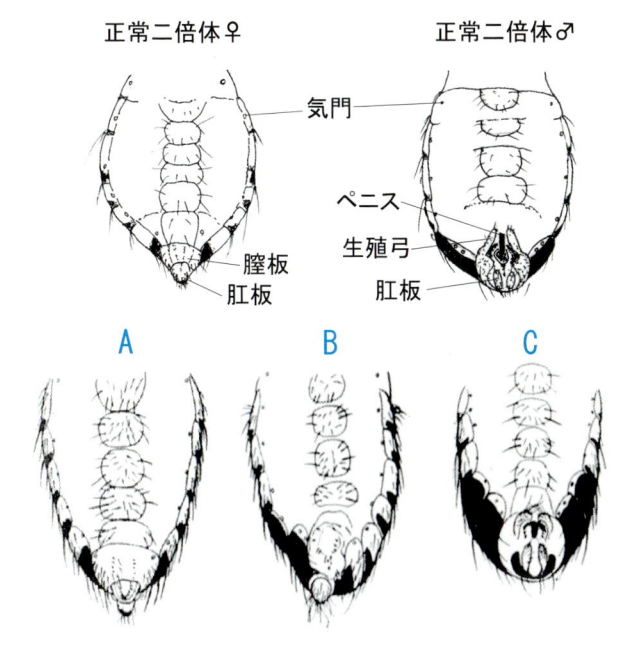

図 39　正常雌雄（上段）と雌型**間性** (A)，中間型間性 (B) および雄型間性 (C) の腹部腹面（A～C はブリッジェス，1922 より）

ムを遺伝学の問題として研究するきっかけとなった．

3.2.1　遺伝子平衡説

　ブリッジェスがみつけた間性バエ（図39）は次のような形態的特徴をもっていた：

- 大型体型，疎雑な剛毛，大型の粗い複眼，翅の縁の異常．
- 雄特有の性櫛を第1脚の跗節にもっているが，外部生殖器は雌型など性徴の混合，雌雄不明な外部生殖器および雌と雄の中間型の腹部．
- 発育不全の1対の卵巣，卵巣と精巣のペア，あるいは一部に精巣組織をもつ卵巣など雌雄混合の生殖腺．

性の連続性　これらの特徴を異なる程度の組み合わせでもつ間性バエは，すべて不妊で，雄に近い型（雄型）と雌に近い型（雌型）を両極端として幅広く変異しており，性が連続的な形質であることを示した（図39）．

性モザイク?　当時，2型の性を特徴づける形質（性徴）が同じ個体に現れる例外として性モザイクが知られていた（図40）．これは，体の一部が性染色体構成 XX の雌，残りの部分が XO 型の雄の形質を現している個体であって，あたかも雌雄のハエが合体したかのように境が明瞭なことから，現在，性の決定は胚期に細胞単位でおこるという細胞自律的な性決定の証拠の1つとみなされている．加えて，同じ個体で性徴が非連続的に現れるのは，昆虫は性ホルモンをもたないことを反映している．雌雄の性徴が融合・混在している間性バエは明らかに性モザイクではない．

「三倍体間性」　生殖腺の細胞の染色体構成を調べてみると，すべての間性バエが X 染色体については二倍体，常染色体は三倍体であった．

　すなわち，1つの X 染色体を X，常染色体1セットを A として，間性バエの染色体構成は 2X；3A であった．このような間性バエがまず明らかにしたのは，X 染色体を2つもっていても雌にならないということである．ブリッジェ

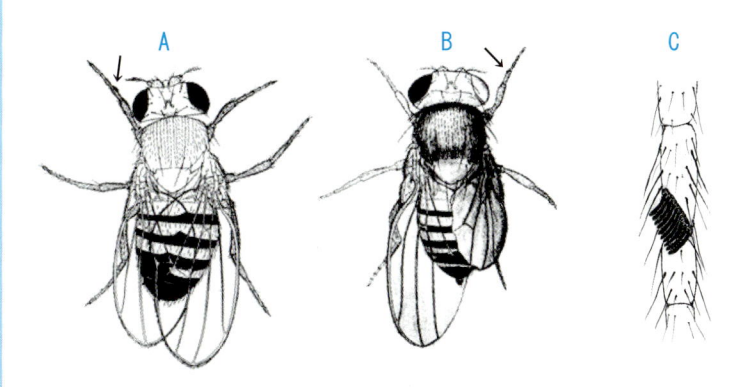

図 40 性モザイク（A, B）と雄バエ第一肢の性櫛（C）

A. 体の左半分が XO 雄で右半分が XX 雌のモザイク．体が雄の側に屈曲しているのは雌雄の大きさが違うため（図1参照）．矢印は性櫛を指す（B 図も同様）．モーガンとブリッジェス（1919）より
B. 頭部・胸部の左半分と腹部が遺伝子型（$+ + v / w^e\ m\ +$）の XX 雌で頭部・胸部の右半分が XO 雄のモザイク．この雄の部分はエオシン眼と小型翅を発現しているので，遺伝子型は $w^e\ m\ +$．モーガン（1919）より

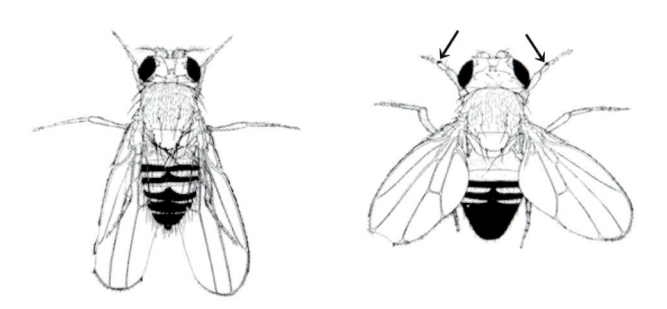

図 41 超雌（左）と超雄（右）（ブリッジェス，1922 より）
図中，矢印は性櫛を指す．

ス (1921) は間性バエを「三倍体間性」と呼んだ．

三倍体　「三倍体間性」の産みの親も複数みつかった．それらは，X染色体も常染色体も三倍体 (3X：3A) で，性は正常な雌で，妊性を有していた．形態的には，二倍体のXX雌よりも大型である点を除けば，特別な異常は認められなかった．みつかった三倍体雌は正常な二倍体雄とともに系統として維持できた．

超雄と超雌　三倍体系統では，「三倍体間性」バエ以外に，X染色体を1つ，常染色体を3セット (X：3A) もっていて外部形態の異常を伴う雄 (超雄) が時折出現した．また，通常は致死である3つのX染色体と常染色体を2セット (3X：2A) もつ異常な雌 (超雌) も出現した (図41)．このように，三倍体雌が染色体数の異常子孫をもたらすのは，3つの相同染色体が第一減数分裂後期に2つの細胞に分かれて入る際に2：1に分離するからである (表5)．

遺伝子平衡説　ブリッジェス (1922) は，X染色体の数 (X) に対する常染色体のセット数 (A) のX/A比を**性指数**とし，この値が1.0で正常雌，0.5で正常雄，この間の値になれば間性，1.0を越すと超雌，0.5未満だと超雄になることから，ショウジョウバエの性は常染色体の遺伝子とX染色体の遺伝子の量的バランスによって決まるという「性決定の遺伝子平衡説」を提唱した．この説は，常染色体では雄化させる遺伝子群が優勢で，X染色体では雌化させる遺伝子群が優勢であると唱えている．

半数体　その後，1925年までに，4X：4Aの四倍体雌，2X：4Aの雄，3X：4Aの間性，4X：3Aの超雌がみつかり，ブリッジェス説を支える細胞学的証拠がより強固になった．それでも，**ミツバチ**の雄が半数体 (X：A) であるという当時よく知られていた事実と彼の説の矛盾が問題として残った．

　1930年，ブリッジェスは，胚発生の初期段階で染色体数が半数化した細胞 (X：A) のクローンが成虫期で雌の性徴を発現しているモザイクを発見した．このモザイクの二倍体の部分はX染色体と2つの大型常染色体を標識している遺伝子のヘテロ接合体であった．半数体の部分はすべての標識遺伝子の表現型を発現し雌の特徴を示した．これで，「ミツバチ」問題は解決し，性決定

3.2 性決定の遺伝子平衡説

表5 三倍体雌と二倍体雄の交配から得られた次世代成虫の染色体構成（ブリッジェス，1922より）

染色体構成			成虫の数	頻度（%）
卵	精子	接合体		
2X；2A	X；A	3X；3A（三倍体雌）	105	3.9
	Y；A	2X/Y；3A（間性）	104	3.8
X；A	X；A	2X；2A（正常雌）	154	5.7
	Y；A	X/Y；2A（正常雄）	162	6.0
2X；A	X；A	3X；2A（超雌）	36	1.3
	Y；A	2X/Y；2A（正常雌）	1116	41.1
X；2A	X；A	2X；3A（間性）	808	33.1
	Y；A	X/Y；3A（超雄）	142	5.2

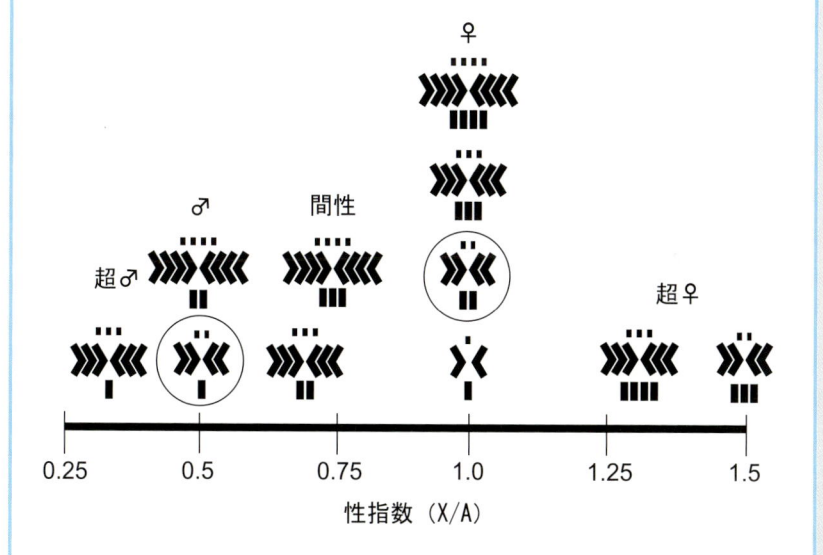

図42 性決定の遺伝子平衡説を支える細胞学的証拠．
図中，染色体構成の上段は第4染色体，中段は第2染色体と第3染色体，下段はX染色体．○囲みは通常の二倍体雌雄の染色体構成．

の遺伝子平衡説を支える細胞学的証拠が磐石なものになった（図42）．同時に，この説はショウジョウバエの性決定は説明できても，動物一般には成立しないことが明らかになった．

3.2.2 性決定シグナルと遺伝子量補償

雌化遺伝子群 遺伝子平衡説によればX染色体の遺伝子量を変えれば性が変化するはず．ドブジャンスキーとシュルツ（1934）はX線によって誘発されたさまざまなサイズのX染色体断片をもつ雄の系統を作成し，これらの雄と三倍体雌の交配から染色体構成「2X+X染色体断片：3A」をもつ一群のハエと「2X；3A」の対照群を得た．前述したように，間性バエは雄型から雌型まで大きな変異を示す．彼らは，外部形態に基づいて，間性バエの性を，雄型をⅠ，雌型をⅥとする6段階のクラスに分けて比較検討した．

結果は見事なものであった．「2X+X染色体断片：3A」のX染色体断片のサイズが大きくなればなるほど，対照の性から雌の方向に変化した．最も顕著な例は，対照群のハエの大部分がクラスⅠ〜Ⅱの雄に近い性であったのに対して，ある大型の染色体断片を導入されたハエのすべてがクラスⅥの雌型になった．X染色体は雌化遺伝子をもっていることが，このようにして証明された．後に，雌化遺伝子として4つの伴性遺伝子が同定された．それらは，分数の分子を意味するニューメイターと総称されている遺伝子で，連鎖地図の0.0，1.65，34.3，58.7地図単位に位置づけられている．

性決定シグナル しかし，性指数X/Aの分母Aに相当する常染色体の雄化遺伝子群は未だにみつかっていない．それでも，*Sxl*（*Sex lethal*）遺伝子の研究により，現在，X/A比は性決定シグナルであると考えられている．この*Sxl*遺伝子は，X/A ＝ 1のとき起動し，細胞を雌化する一群の遺伝子を活性化させるが，X/A ＝ 0.5では起動しない伴性遺伝子である．*Sxl*がスイッチ・オフであれば，活性化されて細胞を雄化する一群の遺伝子も知られている．

遺伝子量補償 1930年前後，マラーとスターンはほぼ同時に，「雄バエにおける伴性の突然変異遺伝子1個の異常形質発現の程度は雌バエにおける同じ遺

3.2 性決定の遺伝子平衡説

ハエとヒト

性と性染色体 ヒトの性染色体構成は，ハエと同様に，雌でXX，雄でXYである．しかし，異数性と性の関係でみると，ハエのXXYは雌，XOは雄であるが，ヒトではXXYは雄でXOは雌である．この違いが示しているように，ハエのY染色体は性決定に関わっていないが，ヒトの場合はY染色体がないと雌になる．ただし，ヒトが雄になるには，Y染色体全体が必須というわけではない．

精巣決定遺伝子 必須なのはY染色体の単腕に存在する Sry と名づけられている遺伝子である．この遺伝子を欠くとXYでも雌になり，Sry が転座によってX染色体あるいは常染色体に移るとXXでも雄になる．この遺伝子がコードしているタンパク質はDNAに結合して他の遺伝子の発現を促進あるいは抑制するはたらきをもつ．それが，発生途上の生殖腺の原基において発現すると精巣に分化し，発現しないと卵巣になる．

遺伝子量補償 本文中で述べているように，ハエの雄ではX染色体の個々の遺伝子は2個分の機能を発揮して同じ遺伝子を2つずつもつ雌と同等になっている．これもヒトの場合と全く異なる．ヒトでは雌がもつ2つのX染色体の一方が不活性化されてX染色体を1つしかもたない雄と遺伝子発現量の帳尻を合わせている．この不活性化の細胞学的証拠はXX雌の体細胞の核内で1つ認められる小さな**ヘテロクロマチン**の塊（バー小体）である．その数はXXY雄でも1つ，XXX雌では2，XO雌では0なので，「バー小体の数」＝「X染色体の数」－1が厳密に成立している．

機能的モザイク

不活性化は，受精卵が卵割を繰り返して多細胞になっている胞胚期におこる．不活性化されるのはある細胞では父親由来の染色体 (X^p)，別の細胞では母親由来 (X^m) という具合にランダムにおきるので，胚全体の細胞の50％では X^p，残りの50％では X^m が不活性化される．そのため，女性は，体の半分の細胞で父親由来の伴性遺伝子がはたらき，残りの半分で母親由来の伴性遺伝子がはたらいている機能的なモザイクである．不活性化に必須な遺伝子はX染色体の長腕にある，転写産物がタンパク質に翻訳されない遺伝子「X染色体不活性化中心」である．この遺伝子が発現した染色体が不活性化される．

伝子2個分と等しくなる」現象を発見し，雌雄間の遺伝子数の違いを補償するしくみの存在を主張した．マラー（1932）はこの現象を「遺伝子量補償」と呼んだ．1970年代，遺伝子量補償は，伴性遺伝子がコードしている分泌たんぱく質の量を測定した研究において，野生型遺伝子で確認された．現在，遺伝子量補償も「X/Aシグナル→ *Sxl* のスイッチオン・オフ」システムによって制御されていることが知られている．

3.3 遺伝子の再配列と染色体の再配列

　モーガンの「遺伝子の線状配列」説が細胞学的に証明されていない当時でも，研究者の頭の中では染色体上に遺伝子が線状に配列していた．これは，彼らの論文中に頻出する「○染色体を○○遺伝子で標識する」という内容の記述に表れている．そのため，染色体が再配列すると遺伝子も再配列するのは当然のことであった．しかし，その実験的証明となると適当な染色体再配列を要した．

3.3.1 染色体再配列の発見と誘発

転座の発見　ブリッジェスは，1919年，第2連鎖群の一部の遺伝子を過剰にもっているハエと欠いているハエを発見し，それぞれの変化を重複，欠失と呼んだ．これらのハエが出現したのは，第2連鎖群の遺伝子の一部が第3連鎖群に移っているハエの系統であった．1923年，このような遺伝子の再配列は第2染色体の一部が第3染色体に移った証拠だと主張して，彼はこの種の染色体再配列を転座と呼ぶことを提案した．しかし，転座した染色体断片のサイズが小さかったため，遺伝子の再配列が染色体の再配列を伴うことを細胞学的に証明するには至らなかった．

複合染色体　モーガン夫人（1922）とアンダーソン（1925）による付着X染色体の発見に続いて，スターン（1926）によってX染色体とY染色体長腕の付着染色体（XY^L）が発見された．前者が交叉による組換え機構の研究において半四分子分析を可能にした転座であることは前章で紹介した．後者はスターンによ

染色体再配列の生成機構

染色体再配列とは，染色体の一部の領域が本来隣接していた領域とは別の領域と隣接するようになる過程あるいはその結果できる染色体の構造変化を指す（図43）．現在の理解では，再配列の生成機構には2通りある．その1つは，自然発生あるいは放射線誘発の染色体切断が，同じ染色体で生じた別の染色体断片（A），あるいは別の染色体で生じた染色体断片との結合による再配列である（B）．もう1つは，染色体組換えである．前章の図29で，非相同染色体間でも相同な領域があれば，そこで組換えがおきて複合染色体が形成される例を紹介した．本章では，3.6.5項において，相同染色体間の**不等交叉**による**重複**と**欠失**の生成を解説している．

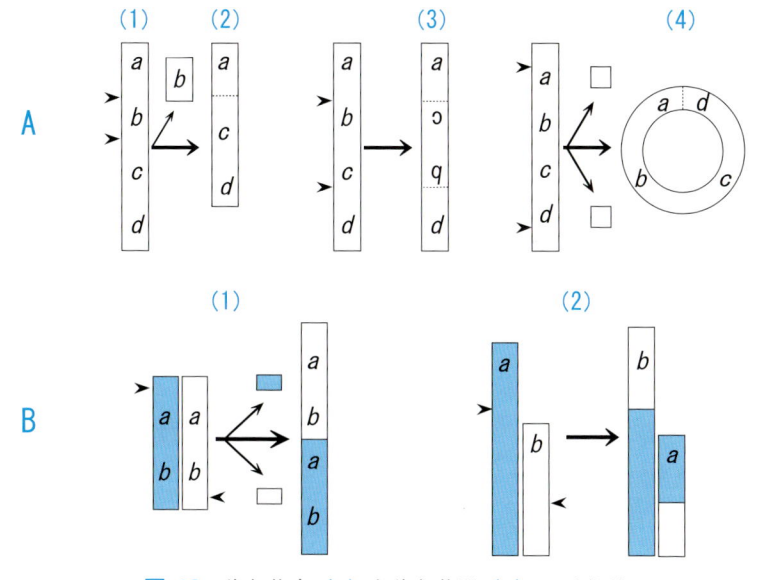

図43 染色体内（A）と染色体間（B）の再配列

図中，▶印は染色体切断点．
A．(1) 正常染色体．(2) 欠失．(3) **逆位**．(4) リング形成．
B．(1) 相同染色体間の**相互転座**．(2) 非相同染色体間の相互転座．

る組換えの細胞学的証明に用いられた (3.5 節参照). ただし, これらは相同染色体間の転座, あるいは標識として使える遺伝子をもたない Y 染色体を含むので, 遺伝子の転座は染色体の転座であることの証明には不向きである.

誘発 1927 年, マラーによって, X 線は遺伝子突然変異も染色体再配列も効率よく誘発することが報告された. その後短期間で, テキサス大学のマラー研究室とカルフォルニア工科大学のモーガン研究室において, 誘発された染色体再配列をヘテロ接合でもつハエの系統が多数作成され, それらを用いた細胞遺伝学的研究が精力的に行われるようになった. そして, すぐに成果がでた.

3.3.2 染色体の転座と遺伝子の転座の並行関係の証明

転座染色体 ペインターとマラー (1929) は, **転座ヘテロ接合体**の 3 系統を用いて, 「染色体の転座 = 遺伝子の転座」の証明実験を行った. 用いた系統の 1 つの染色体構成を図 44A (1) に示している. そこでは, 本来 V 字型にみえる第 3 染色体の 1 つが, その一部を欠いたため J 字型になり, 本来 J 字型の Y 染色体が, 第 3 染色体由来の染色体断片と結合したため, V 字型になっている. これらの異常染色体で例示される, 転座によって生じた 2 型の再配列染色体のそれぞれを転座染色体という.

相互転座 コラムで紹介しているマラーの「**テロメア**」説を考慮して, 彼らの転座系統における第 3 染色体と Y 染色体の構成を図示すると図 44A (2) のようになる. 図中, 遺伝学的にも細胞学的にも検出できないのは, 短くなった第 3 染色体の切断端と結合している Y 染色体由来の染色体断片である. しかし, それは転座染色体の安定性と遺伝に不可欠である.

高数性二倍体 彼らは, 交配によって, 転座系統の Y 染色体と多重標識した第 3 染色体をもつハエを得た (図 44B). このハエは, 通常の二倍体の染色体に加えて転座断片の分だけ余計にもっている高数性二倍体である. 大型の常染色体のトリソミーは致死であるが, 染色体断片の分だけトリソミー (部分トリソミー) になっている高数性二倍体は, 余分な染色体断片のサイズによっては, 生存することがある. それらは例外なく小型で種々の奇形を伴う不妊バ

3.3 遺伝子の再配列と染色体の再配列

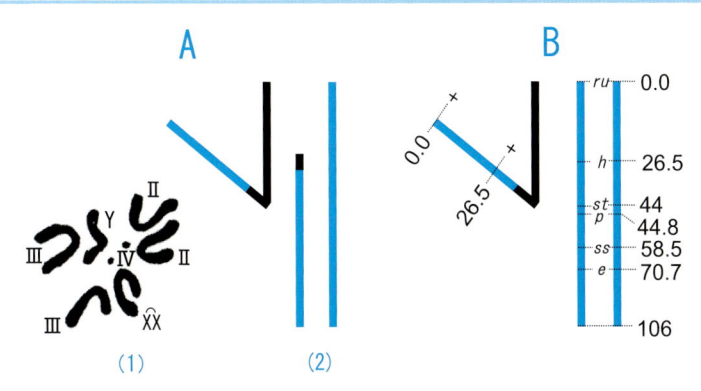

図 44 ペインターとマラーが使用した転座ヘテロ接合体（A）と転座 Y 染色体をもつ高数性二倍体（B）

A．(1) の II と III はそれぞれ第 2 染色体と第 3 染色体．Y は第 3 染色体の断片をもつ Y 染色体．$\widehat{XX}$ は付着 X 染色体（ペインターとマラー，1929 より許諾を得て転載．© Oxford Univ. Press）．(2) の青棒は第 3 染色体，黒棒は Y 染色体（B も同様）．

B．図中，正常第 3 染色体をホモ接合で標識していた遺伝子の連鎖地図上の地図単位を染色体に対応させて示している．染色体断片に付記している + は，同じ地図単位の位置にある突然変異遺伝子の野生型対立遺伝子．

テロメア (1)

ペインターたちは，図 44 A(1) の転座は第 3 染色体の断片が Y 染色体の端に付着したものだとみなした．しかし，後にマラー (1938, 1941) が提唱した説によると，このような付着はおきない．この説は，染色体の両端は他の染色体との付着を防ぐ特別な構造（テロメア）をもっており，染色体切断に起因する染色体の再配列は切断端の結合によって形成される，と唱えている．テロメアの存在はマクリントック (1941) が**トウモロコシ**の研究で証明した．この研究で，彼女はセントロメアを 2 つもつ二動原体染色体は，細胞から細胞へと安定して伝わらないことも細胞学的に証明している．転座染色体であっても両端のテロメアと 1 つのセントロメアが，それが安定して遺伝するための必要条件である．2009 年のノーベル生理学・医学賞はテロメアの構造と維持機構を解明した 2 人の女性を含む 3 人の研究者に贈られた．

エであるが，標識遺伝子の表現型発現の有無はわかる．

証明　例の高数性二倍体のハエは，第3染色体を端から順に標識していた遺伝子の1番目と2番目の *ru*（*roughoid*）と *h*（*hairy*）の表現型を発現せず，3番目の遺伝子 *st*（*scarlet*）から最後の遺伝子 *e* までそれぞれの突然変異形質を発現した．この結果から，Y染色体に転座したのは，遺伝子 *ru* と *h* の野生型対立遺伝子 + をもつ第3染色体の一部であって，遺伝子 *h* と *st* の間の染色体領域に転座の切断点があることが明らかになった．

ペインターたちが調べた他の2系統の転座はいずれも，顕微鏡下では，第3染色体の断片が第2染色体の端部に移っているようにみえるものであった．これらの転座についても，同様に多重標識された第3染色体をホモ接合でもつ高数性2倍体バエの表現型から，染色体の転座は遺伝子の転座であることが証明された．

3.3.3　染色体の欠失と遺伝子の欠失

欠失X染色体系統　ペインターとマラー（1929）が行った別の実験では，del.X1，del.X2，del.X14 と名づけられた欠失染色体をもつ系統が使用された．これらの系統の雌バエは，X線照射を受けた野生型体色の雄バエと黄体色遺伝子 *y* をホモ接合でもつ $\widehat{XXY}$ 雌バエの交配から得た野生型体色の雌バエの子孫である．図45A から明らかなように，いずれの系統でも，雌バエの性染色体構成は $\widehat{XX}$/欠失X/Y であった．この欠失X染色体はX線処理を受けた雄バエの精子で誘発されたものである．

証明　欠失X染色体を余分にもっている雌バエは，X染色体の部分トリソミーによる高数性二倍体である．しかし，大型常染色体のケースとは異なり，それらは妊性をもち，顕著な奇形を呈さない．

ペインターたちは，それぞれの系統の雌バエを多重標識したX染色体をもつ雄バエと交配して得た子孫の中で正常体色の雄バエの表現型を調べた（図45B）．そして，標識遺伝子の内どの遺伝子の表現型がX染色体断片によって抑えられ，どの遺伝子の表現型が現れているかを明らかにした（図45C）．彼

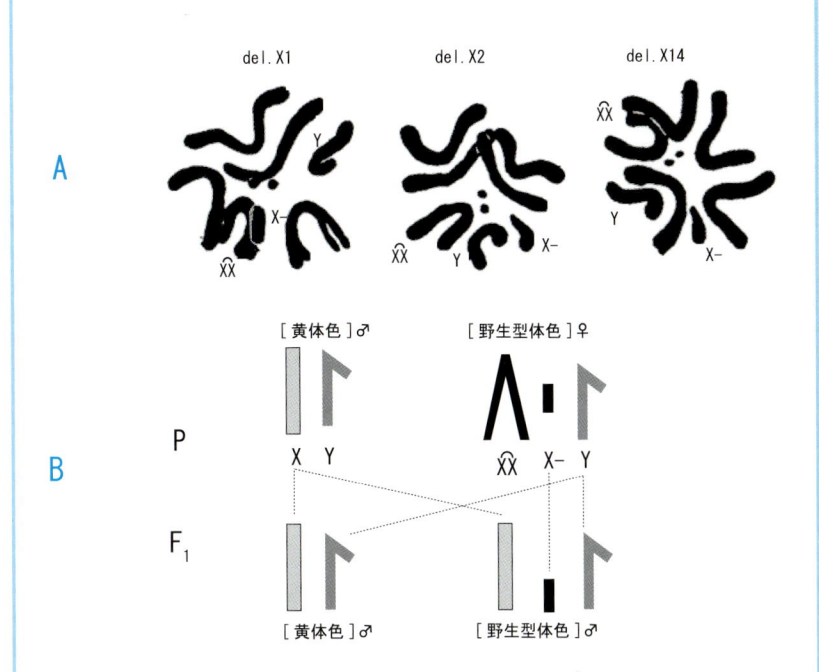

図 45 ペインターとマラーが使用した欠失 X 染色体系統の染色体構成 (A)，欠失染色体で欠失している遺伝子の検出法 (B) および連鎖地図における遺伝子の欠失領域 (C)

A. 図中，X- は欠失 X 染色体．$\widehat{XX}$ は付着 X 染色体．Y は Y 染色体 (ペインターとマラー，1929 から許諾を得て転載．© Oxford Univ. Press)．
B. 灰色棒は C の「正常」に示している遺伝子で多重標識されている X 染色体．F_1 の [野生型体色] の雄バエが発現している突然変異形質から連鎖地図で欠失している遺伝子領域を同定．
C. ここでは，遺伝子の欠失を検出するために用いた標識遺伝子の連鎖地図を染色体に擬えて示している．白抜きの部分は遺伝学的に検出された欠失領域を示す．

らは，このようにして，**染色体欠失**が**遺伝子の欠失**を伴っていることを証明した．この証明法は，前項で紹介した第3染色体の部分トリソミーによる高数性二倍体の表現型を調べる方法と原理的には同じである．

連鎖地図と染色体の不一致　奇妙なことも明らかになった．それは，連鎖地図では90％以上の領域が欠失していても，欠失染色体の大きさはいずれも正常サイズの50％かそれ以上であったことである．もし，モーガンの染色体説が唱えているように，遺伝子が端から端まで連なって染色体ができているのならば，欠失染色体は比較的大きいものでも，顕微鏡下では，第4染色体程度にしかみえなかったはずである．そうではなかったのである．これは，マラーとペインター（1932）の言葉を使うと染色体の「**遺伝的に不活性な領域**」の発見である．図45Aの欠失X染色体は，ほんの一部が「**遺伝的に活性な領域**」で残りの大部分が「不活性領域」であったということになる．

ヘテロクロマチンとユークロマチン　マラーたちの「不活性領域」は，後にハイツ（1933）によって報告されるヘテロクロマチン（異質染色質）領域に相当する．彼によると，染色体はヘテロクロマチン領域と染色液で比較的淡く染まるユークロマチン（真正染色質）の領域から成る．マラーたちの言葉を使うと，ユークロマチン領域は「遺伝的に活性な領域」になる．

3.4　細胞学的地図と転座

　1930年，モーガン研究室のドブジャンスキーによって第3染色体の細胞学的地図が作成された（図46）．遺伝学史上，最初の**細胞学的地図**である．続いて，彼は第2染色体（1931），X染色体（1932）の細胞学的地図を作成し，遺伝子の線状配列を細胞学的に証明した．

　図46に示している第3染色体の地図でみてみよう．図中で染色体における遺伝子の存在部位と当該遺伝子の連鎖地図上での位置を結んでいる7本の線は交わらず，連鎖地図と染色体の遺伝子の配列順序は一致した．この一致が染色体説の細胞学的証明である．本節では，この地図を作成した彼の研究を紹介する．この研究において転座染色体の遺伝様式と染色体の構造に関する

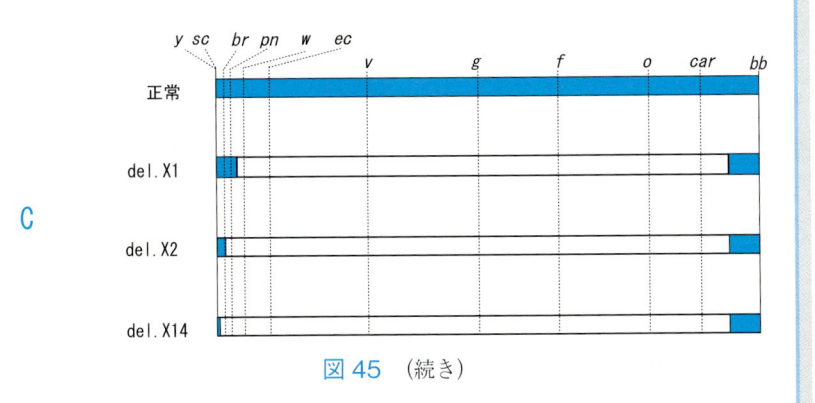

3.4 細胞学的地図と転座

図 45 （続き）

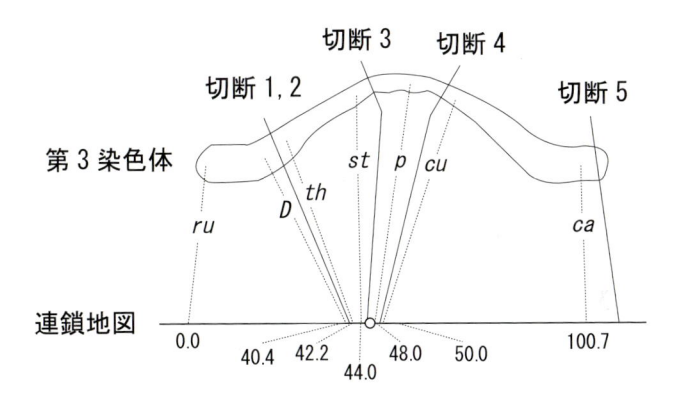

図 46 ドブジャンスキー（1930）が作成した第3染色体の細胞学的地図　図中，切断1〜5の線は転座をもたらした染色体の切断部位と対応する連鎖地図上の切断部位を結ぶ線．遺伝子記号を通る線の両端は当該遺伝子の染色体と連鎖地図での位置を指す．1920年代に遺伝子 *st* と *p* の間に位置付けられていたセントロメアを，ドブジャンスキーは本文で紹介している研究において，切断3と遺伝子 *cu* の間に定めたので，連鎖地図ではその間にセントロメア（○）を記している（許諾を得て模写．© Genetic Society of America）．

新たな知見が得られた．

3.4.1 細胞学的検討

転座系統　彼が第3染色体の細胞学的地図の作成に用いたのは第3染色体と第4染色体の間の相互転座をヘテロ接合で維持している5系統である．それらをT1〜T5として，それぞれの染色体構成を図47Aに示している．

　この図から，T1〜T4系統は，正常な第3常染色体との違いが明瞭な2型の転座染色体と正常サイズの第4染色体を1つもっていることがわかる．ドブジャンスキーによると，いずれの系統のハエもハプロ-4の特徴（図38参照）を示していなかった．転座染色体も正常染色体もテロメアを両端にもっているので，本来2つあるべき第4染色体の1つが2つの断片となってそれぞれ2型の転座染色体の一部になっていたにちがいない．このように考えて，後述する細胞学的検討と遺伝学的検討の結果を図47Bに示している．

第4染色体(1)　T5系統では，小型の転座染色体1つと2つの第4染色体が認められた（図47A）．この転座染色体は，第3染色体の小さな断片と第4染色体の断片と結合して形成されたものである．この小さな断片が第4染色体以外の染色体断片と転座染色体を形成すると，それは顕微鏡下では判別不可能である．同様に，小さな断片を失った第3染色体と第4染色体の断片をもつ大型の転座染色体は，Aの染色体構成図T5で，どれかわからない．顕微鏡下では，「小断片＋大断片」の転座染色体はわからなくても「小断片＋小断片」の転座染色体は検出できる．これは，ドブジャンスキーが細胞学的地図を作成するのに，第4染色体が関わる転座に着目した理由である．

第4染色体(2)　T5系統のハエが，2つの正常な第4染色体をもっていたのは，この系統のハエでは配偶子形成の際に，往々にして，第4染色体と小型の転座染色体が同じ細胞に入るからである．2つに分断されて転座染色体の一部になった第4染色体を1として含めると，図47AのT5で示している染色体構成は第4染色体のトリソミー（トリプロ-4）のケースである．トリプロ-4は，ハプロ-4と同様に，妊性をもつ異数体であることは，ドブジャンスキーが第

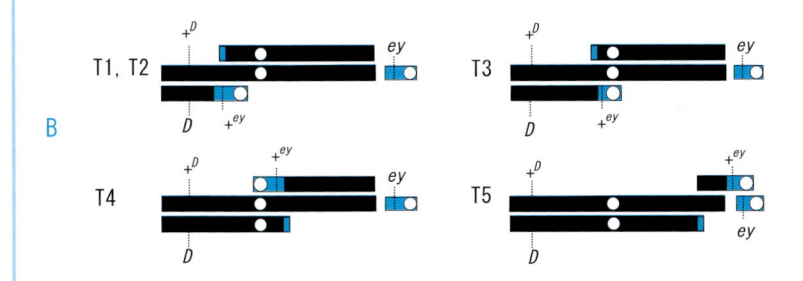

図 47 第3染色体の細胞学的地図の作成に用いられた転座系統の染色体構成

A. 顕微鏡下で観察された各系統の第3染色体と第4染色体の構成(ドブジャンスキー,1930を改写).図中,黒塗りは正常染色体,斜線は転座染色体,白抜きは正常第3染色体と転座染色体の区別ができなかった染色体.系統の番号は図46の切断の番号と対応する.

B. 本文で紹介しているドブジャンスキーの研究で明らかにされた各系統の第3染色体(黒棒)と第4染色体(青棒)の構成.ここで,彼の細胞学的検討(3.4.1項参照)において,T1系統とT2系統の転座染色体のサイズに差が認められなかったので,同じ図で示している.図中,細胞学的にも,遺伝学的にも検出できないのは,セントロメアをもたない第4染色体の断片.Dは翅を優性形質の[上向き展開翅]にする遺伝子.$+^D$はその野生型対立遺伝子.第4染色体断片の$+^{ey}$は無眼遺伝子eyの野生型対立遺伝子.染色体の白丸はセントロメア.

4染色体を含む転座に着目したもう1つの理由である．

染色体切断部位の決定　彼は転座染色体と正常染色体の長さを測定して，それぞれの系統において，第3染色体の転座をもたらした切断点（図46の染色体上の切断1〜5）を決めた．厳密にいえば，長さの測定値には，転座染色体の一部となっている第4染色体の断片の長さも含まれる．しかし，正常サイズでも点にしかみえない第4染色体の断片の長さは無視できるし，実際，彼は無視した．これも，第4染色体が関わる転座の利点である．

3.4.2　遺伝学的検討

転座染色体の遺伝様式　彼の転座ヘテロ接合体の遺伝子型は（$+^D/D$; $+^{ey}/ey$）であった．標識遺伝子が関わる表現型は，第3連鎖群の遺伝子 D（$Dichaete$）による優性形質［上向き展開翅］と無眼遺伝子 ey の野生型対立遺伝子 $+^{ey}$ による［有眼］である．図48Aに示しているように，この転座のヘテロ接合体の［上向き展開翅・有眼］バエは第4連鎖群の無眼遺伝子 ey のホモ接合体（$+^D/+^D$; ey/ey）の［正常翅・無眼］バエと一緒に飼われていた．飼育ビンの中では，ハエが相手の遺伝子型に関わりなく自由交配しているのに，毎代出現するハエの大部分は［上向き展開翅・有眼］と［正常翅・無眼］であった．

　換言すれば，独立の法則から期待される［正常翅・有眼］バエも［上向き展開翅・無眼］バエもほとんど出現せず，第3連鎖群の遺伝子 D と第4連鎖群の遺伝子 ey が同じ連鎖群の遺伝子かのごとく遺伝しているのである．

不均衡型染色体構成　このような遺伝様式を，ドブジャンスキーは，配偶子形成の際，**転座ヘテロ接合体**を構成している4つの染色体が2つの細胞に2:2で均等配分された結果として説明した．彼の説明を現代の言葉で表すと次のようになる：

1) ヘテロ接合体を構成する①正常第3染色体，②正常第4染色体，③第4染色体のセントロメアをもつ転座染色体および④第3染色体のセントロメアをもつ転座染色体の4型が第一減数分裂に際して2:2に分離し

3.4 細胞学的地図と転座

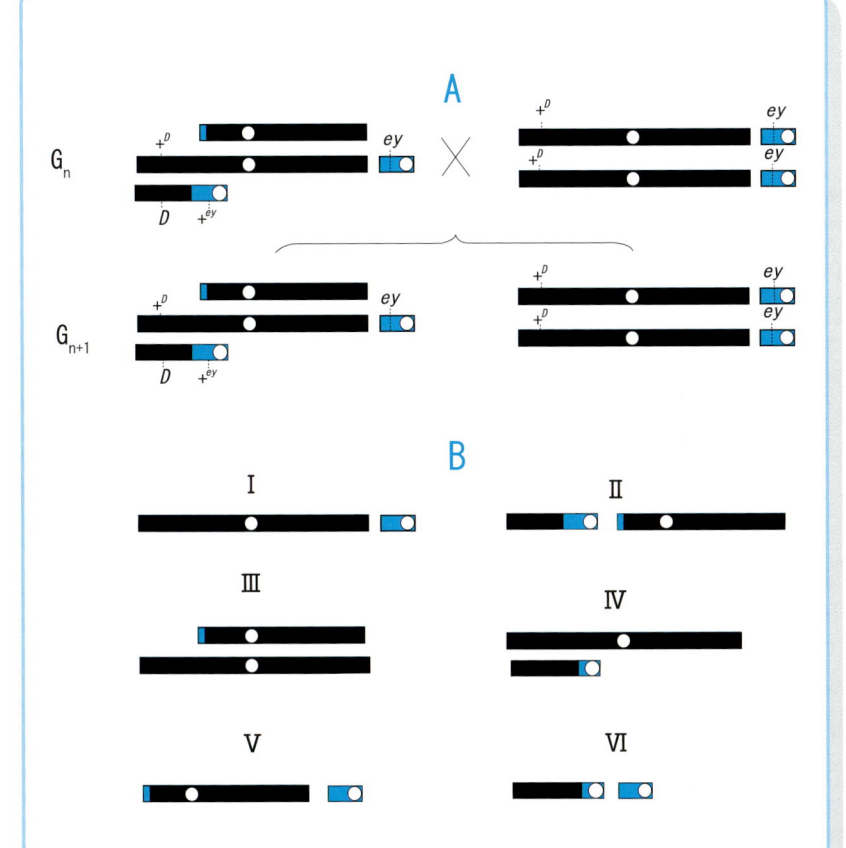

図 48 転座ヘテロ接合体を維持している系統における転座染色体の遺伝（A）と転座のヘテロ接合体がつくる6型の配偶子の染色体構成（B）

A. ある世代（G_n）におけるヘテロ接合体［上向き翅・有眼］（左）と正常第3染色体と第4染色体のホモ接合体［正常翅・無眼］（右）は安定して次世代（G_{n+1}）に伝わる．

B. Ⅰ～Ⅵの内，Ⅰの正常染色体の組み合わせとⅡの**均衡型**の染色体構成の配偶子に限って正常発生する接合体をつくる．Ⅲ～Ⅵはいずれも**不均衡型**の染色体構成をもつので，接合体は致死（本文参照）．

て6型の配偶子 (図48B) をつくる.

2) 6型の配偶子の内, ①と②をもつ配偶子 (BのⅠ) と③と④をもつ配偶子 (Ⅱ) の染色体構成は, それぞれ正常と遺伝子の過不足を伴わない型 (均衡型) であるので次世代に伝わる.

3) 一方, 他の4型の配偶子 (Ⅲ〜Ⅵ) は, いずれも不均衡型の染色体構成をもつため, 接合体の染色体構成も不均衡型になり, 発生途上で接合体を死に至らしめる.

妊性低下 上記3) が指摘する不均衡型の配偶子ができれば, 妊性が低下するはず. 実際, 転座ヘテロ接合体は例外なく妊性低下を示し, この妊性低下が異常な配偶子形成に起因することは, スターテヴァントとドブジャンスキー (1930) が明らかにした. 彼らによると, 転座ヘテロ接合体系統のハエが産む受精卵の孵化率はせいぜい50%程度である.

連鎖地図上の切断点の決定 明らかになった転座染色体の遺伝様式をふまえて, ドブジャンスキーは, 転座染色体の第4染色体断片がもつ野生型遺伝子 $+^{ey}$ を, 第3連鎖群の連鎖地図上に位置づけるための組換え検出実験を行った. この実験では, 多重標識された第3染色体をもつ転座ヘテロ接合体 (遺伝子型, *ru h + th st cu sr e ca* / + + *D* + + + + + +; + /*ey*) の雌バエが用いられ, 8組の隣接遺伝子間の組換え頻度が求められた.

図49に示している具体例でみてみよう. これはT1系統 (図47) の転座のヘテロ接合体の雌バエを用いて行った実験である. この実験から, ①転座をもたらした第3染色体切断点 ($+^{ey}$ 遺伝子をもつ断片の結合部位) は連鎖地図上で遺伝子 *D* と *th* の間にあり, ②遺伝子 *D* と $+^{ey}$ が同じ転座染色体に連鎖していることがわかった.

上記①は, 連鎖地図上で *ru* − *h* − *D* − *th* − *st* − *cu* − *sr* − *e* − *ca* と並ぶ標識遺伝子の隣接2遺伝子間の組換え頻度の標準値と比較して, 最も顕著に低下していたのが遺伝子 *D* と *th* の間であった事実に基づく. 標準値1.1%に対して実測値が0.15%であったのである. この低下は, 2つの遺伝子間で正常レ

3.4 細胞学的地図と転座

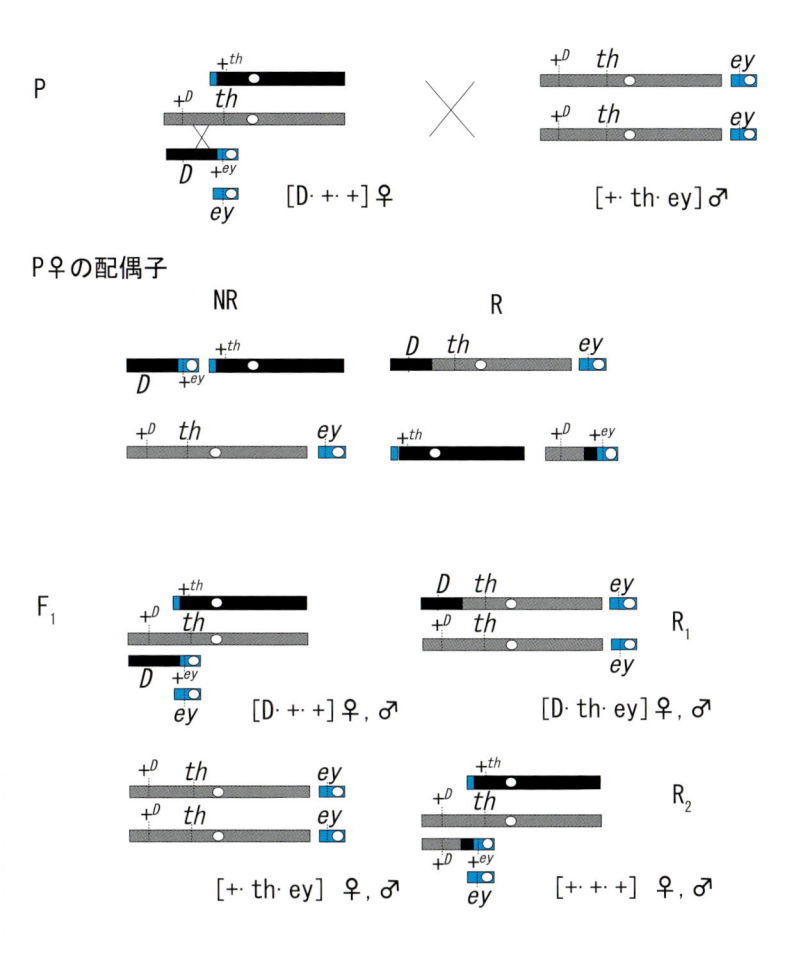

107

P　[D·+·+] ♀ × [+·th·ey] ♂

P♀の配偶子

NR：[D·+·+]、[+·th·ey]

R：R_1 [D·th·ey]、R_2 [+·+·+]

F_1　[D·+·+] ♀,♂　　[D·th·ey] ♀,♂　R_1

[+·th·ey] ♀,♂　　[+·+·+] ♀,♂　R_2

図 49　転座染色体の切断点を決定するための組換え検出実験

図中，灰色棒は多重標識されている正常第3染色体（本文参照）．標識遺伝子の中で遺伝子 *th*（*thread*）のみを記している．これは触角に生えている一部の剛毛を毛状にする突然変異遺伝子．他の遺伝子記号は図47と同じ．NR は非組換え体．R は組換え体．

ベルの組換えを邪魔する非相同な染色体領域があることを示す．

②は，翅と眼の表現型に関する2型の相補的な組換え体，すなわち，図49に示している F_1 の R_1［上向き展開翅・無眼］と R_2［正常翅・有眼］から明らかになったことである．これらの表現型は転座染色体において［上向き展開翅］の遺伝子 D が［有眼］の遺伝子 $+^{ey}$ と連鎖していたことを示す．

同様にして他の転座の切断点が連鎖地図上に位置付けられた．

3.4.3　常染色体の形態的特徴

第2染色体と第3染色体　当時，ブリッジェスもペインターもハエの第2染色体は第3染色体よりも少し長いと信じていた．ドブジャンスキーは，第3染色体と転座染色体の長さを測定する際に，正常な第2染色体の長さの測定も行った．その結果，少し長いのは第3染色体の方であることがわかった．以来，2対の大型の常染色体は，サイズと他の特徴の組み合わせで区別できるようになった（図50）．

ヘテロクロマチン領域　細胞学的地図が完成すると，連鎖地図との不一致が明らかになった．それは，図46の連鎖地図上で遺伝子 D と遺伝子 cu の間の地図距離が約10地図単位であって，それは地図全体の1/10程度に過ぎないのに，対応する染色体の領域は染色体全体のおよそ半分を占めていることである．同様な不一致は，ドブジャンスキー（1932）が作成した第2染色体の細胞学的地図でも認められた．彼は，いずれの地図においても，問題の染色体領域は比較的組換えがおきにくい領域と結論した．後に，この領域はヘテロクロマチン領域を含んでいることが，ハイツ（1933）によって明らかにされた（図50参照）．ヘテロクロマチン領域では組換えはほとんどおきない．

染色体の左腕と右腕　セントロメアによって2分される染色体の片方を「染色体の腕（わん）」という．第3染色体のセントロメアの位置は遺伝子遺伝学的検討から，図46に示している切断3の切断点と遺伝子 cu の間に決まった．ドブジャンスキーは，図中のこの部位から左側の腕を左腕，右側を右腕と呼び，地図単位0.0を左端とする連鎖地図の向きと一致させた．やがて，第2染色体

3.4 細胞学的地図と転座

ヘテロクロマチン

現在の理解では，クロマチンとはヒストンと総称されているタンパク質とDNAの複合体のことで，それは，分裂期には凝縮して，顕微鏡下で染色体として観察できるDNA・タンパクの高次複合体を形成する．その大部分は間期で脱凝縮するが，この時期でも凝縮状態を保っているのがヘテロクロマチンである．分裂中期の染色体では，セントロメア周辺でヘテロクロマチンの明瞭な領域が認められる（図50）．全DNAの約30%がヘテロクロマチン領域にある．その約50%は，ユークロマチン領域では5%にすぎないトランスポゾンが占めている．残りの大部分は短い塩基配列，例えば，AAGATがAAGAT・AAGAT・AAGATと数百回〜数千回繰り返している高度反復配列からなる．ユニークな配列（遺伝子）は約500個知られている．この数はユークロマチン領域の遺伝子総数の約1/30である．

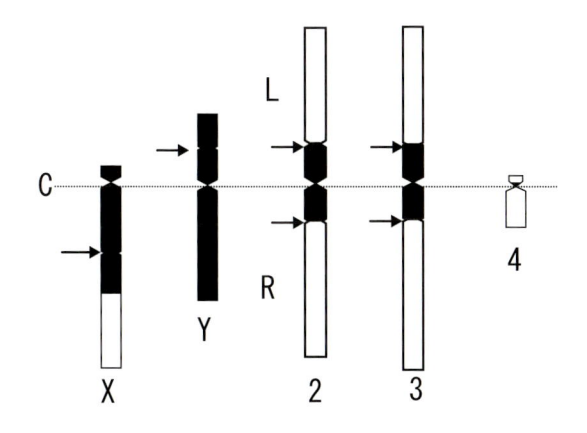

図50　ハエの染色体

図中，黒塗りはヘテロクロマチン領域．白抜きはユークロマチン領域．Cはセントロメア（一次狭窄），矢印は二次狭窄の位置を示す．第4染色体のサイズは誇張している．LとRはそれぞれ常染色体の左腕と右腕．第2染色体と第3染色体の判別に役立つのは前者の左腕にある比較的明瞭な二次狭窄である（アシュバーナー, 1989と他の情報に基づいて作図）．

と第3染色体の2つの腕をこの呼び分けで区別するようになった．

3.5 組換えの細胞学的証明

前節で紹介したドブジャンスキーの研究で遺伝子の線状配列が細胞学的に証明された後でも，モーガンの染色体説（1911）に関わる重要課題が残っていた．それは，彼の説を支えるキアズマ型説「遺伝子の組換えは染色分体間の交叉によっておきる」の細胞学的証明であった．交叉の結果は組換え染色体であるので，この証明には，遺伝子の組換えが染色体の組換えによることが実験的に示されなければならなかった．

1931年，スターンによるショウジョウバエの研究とクレイトンとマクリントックによるトウモロコシの研究において組換えの細胞学的証明が成功し，ほぼ同時に発表された．スターンの論文タイトルは，「モーガンの遺伝子組換え理論の証明のための細胞遺伝学的研究」であった．一方，クレイトンたちのタイトルは「トウモロコシにおける染色体交叉と遺伝子交叉の相関」であった．この2つの研究は原理的に同じ方法を用いて行われた．

3.5.1 スターンの研究

転座系統(1)　彼は2つの転座系統を用いた．その1つはマラーから提供された系統である．この系統の転座は，図51Aに示しているように，X染色体と第4染色体の間で相互に染色体断片を交換しているもので，以下，それをT(1；4)とする．図中，X^dとX^pはX染色体のセントロメアからみて，遠位(d)の断片と近位(p)の断片を含む2型の転座染色体である．

このT(1；4)ヘテロ接合体の卵巣の細胞は転座染色体を2つもっているが，どちらがX^dであるかわからない（図51B）．しかし，適当な遺伝子で標識すれば，この転座染色体の遺伝を追跡できる．スターンは，すでに優性の［棒状眼］の遺伝子Bで標識されていたX^dに劣性の［葡萄酒色眼］の遺伝子crを組入れて，証明実験（図52）のP雌の作成に供した．

転座系統(2)　もう1つの転座系統はY染色体の長腕とX染色体の複合染色体

テロメア (2)

ハエのテロメアは3種のトランスポゾン (*HeT-A*, *TART*, *TAHRE*) が繋がって形成されている．それらは「長い端部反復をもたないレトロトランスポゾン」ファミリーに属するDNA因子で，テロメアのみに存在する．このようなテロメアはショウジョウバエ属の他の昆虫でも知られている．しかし，昆虫の中でも真核生物の中でも例外的である．他の生物種のテロメアは5〜6塩基対の短いDNA配列が高度に反復してできている．普通のテロメアをもっているこれらの生物種では，複製の度に短くなるDNA末端の補修をテロメラーゼと呼ばれている酵素が行っている．これはテロメアDNAの塩基配列に相補的な一本鎖RNAを内包している逆転写 (RNAからDNAを合成する) 酵素である．ハエはこの酵素をもっていない．ハエの場合，相補的なRNA鎖は3種のトランスポゾンの転写産物で，逆転写酵素の遺伝子は *TART*，この酵素の核内移行に必須なタンパク質の遺伝子は *HeT-A* と *TART* がもっている．この2つのいずれが欠けても核内移行はできない．ハエはいつどのようにしてトランスポゾンをテロメアにしたのだろうか？

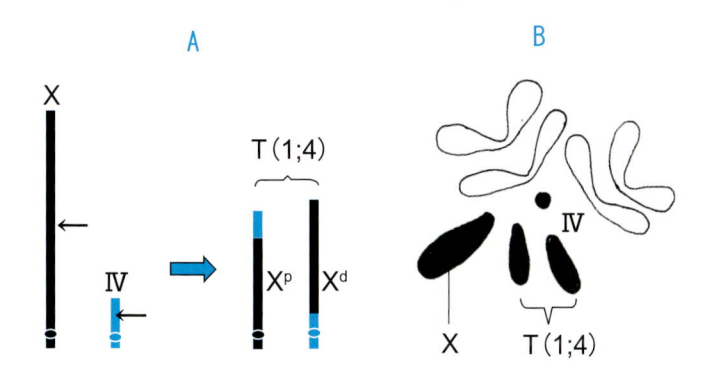

図 51 X染色体と第4染色体の相互転座

A. X^p はX染色体 (X) のセントロメアをもつ転座染色体．X^d は第4染色体 (Ⅳ) のセントロメアをもつ転座染色体．
B. 転座ヘテロ接合体の染色体構成 (スターン, 1931を改写)．図中，白抜きは2対の大型常染色体．

$\widehat{XY^L}$ を維持している系統である．これは，XY 雄の生殖細胞に自然発生したもので，スターン (1926) が発見した新しいタイプの転座である．

彼 (1929) は，雄起源の X 染色体と Y 染色体の短腕の複合染色体 $\widehat{XY^S}$ も発見しており，短腕を欠いても長腕を欠いても雄は不妊になることから，精子形成には完全な Y 染色体が必須であることも明らかにしている．

証明実験 (1) 彼は，$\widehat{XY^L}$ 系統の雄バエ（性染色体構成 $\widehat{XY^L}$Y）と T (1;4) 系統の雌バエ (X^pX^dX) の交配から $X^pX^d\widehat{XY^L}$ の雌バエを得た．それが図 52 の P 雌である．

この雌バエを遺伝子 *cr* で標識された X 染色体をもつ XY 雄バエと交配し，得られた F_1 雌バエ 4420 個体を表現型によって 2 型の非組換え体と 2 型の組換え体に分けた（図 52，F_1 ♀）．ここまでは，遺伝子型 (*B cr* /+ +) の XX 雌を用いる通常の組換え検出実験と変わらない．

問題は性染色体構成である．2 型の非組換え体については，X^pX^dX あるいは $XX\widehat{Y^L}$，一方，組換え体では，父親由来の X 染色体と同サイズの X 染色体の組み合わせ (XX) あるいは X^d と Y 染色体長腕の複合染色体を含む構成 ($X^pX^d\widehat{Y^L}$) が期待された．

スターンは，非組換え体の① [棒状・葡萄酒色眼] 11 個体と② [丸・赤眼] 13 個体，組換え体の③ [丸・葡萄酒色眼] 25 個体と④ [棒状・赤眼] 7 個体の雌バエのそれぞれの卵巣の細胞を観察した．その結果，①，②，④のすべてと③の 19 個体で期待通りの染色体像が確認できた．③の残り 6 個体は母親の X^p と $\widehat{XY^L}$ がともに伝わった不分離体であった．これらは組換え体，非組換え体のいずれのカテゴリーにも入らないタイプとして彼が予想していた例外である．

証明実験 (2) 現在からみると，以上の実験結果で充分であると思えるが，彼は，同様な実験を繰り返した．その中で特記すべきは，図 52 の実験の F_1 で得た組換え体 ($X^pX^d\widehat{Y^L}$) 雌バエと遺伝子 *cr* で標識された X 染色体をもつ XY 雄バエ交配実験である（図 53A）．この実験では，F_1 雄の精巣の細胞学的検討も行われ，図 35 の実験と同様に，遺伝子組換えは染色体組換えによることが矛盾

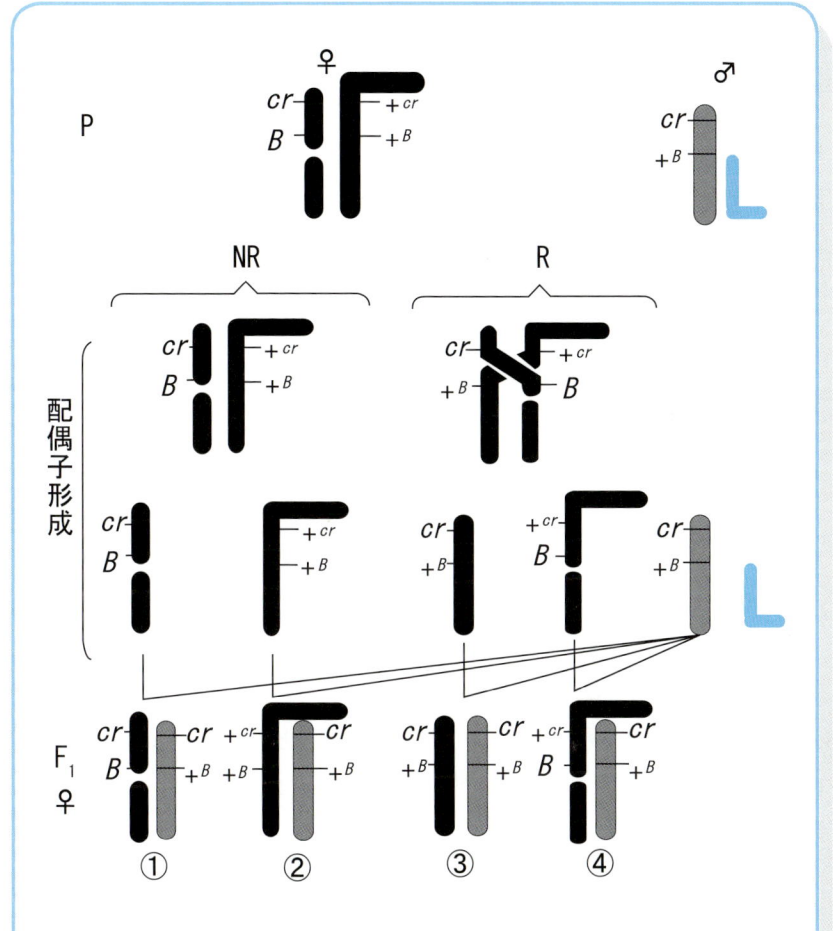

図52 スターンの証明実験 (1)（スターン, 1931 を改写）

図中，*cr* は葡萄酒色眼の遺伝子，*B* は棒状眼遺伝子，$+^{cr}$ は *cr* の野生型対立遺伝子，$+^B$ は *B* の野生型対立遺伝子．P ♀ の *cr* と *B* で標識された小型染色体は T(1;4) の X^d，非標識の小型染色体は X^p（図51 参照），大型染色体は $\widehat{XY^L}$．P ♂ の灰色棒は正常 X 染色体．青棒は Y 染色体．NR は非組換えがおきなかった場合．R は組換えがおきた場合．表現型は P ♀：［棒状・赤眼］，P ♂：［丸・葡萄酒色眼］，①：［棒状・葡萄酒色眼］，②：［丸・赤眼］，③：［丸・葡萄酒色眼］，④：［棒状・赤眼］．

なく証明された.

同様に重要な成果は,組換えで生じたX^dY^LがX染色体との組換えによって,証明実験(1)のP雌がもっていた遺伝子Bとcrで二重標識されているX^dと無標識の$\widehat{XY^L}$に戻ることを示したことである(図53B).これは,染色体組換えが相同な染色体領域の同一部位における交叉によっておこることを示している.もし染色体組換えが相互転座のように異なる部位で生じた切断に起因する染色体断片の交換としておこるのであれば,組換え染色体が再度の切断と染色体断片の交換によって,元の染色体に戻る可能性はゼロに近い.

3.5.2 クレイトンとマクリントックの研究

トウモロコシ この南米アンデス地方原産のイネ科の一年生植物は,多くの栽培品種が古くから知られており,栽培が容易であって,自家受粉でも人工授粉でも繁殖するなど,メンデルのエンドウマメと共通した特性をもっている.その遺伝研究の歴史も,エンドウマメと同様に,1700年代まで遡ることができる.1900年,エンドウマメの交配実験においてメンデルの法則を再発見したコレンスの別の実験材料がトウモロコシであった.以降,メンデル遺伝学の洗礼を受けて,トウモロコシの遺伝研究は連綿と続き,1920年代末までには膨大な連鎖と組換え関連のデータが蓄積していた.

転座の発見 後にトランスポゾン(調節因子)の細胞遺伝学的研究によりノーベル賞(1983)を受賞するマクリントックは,丁度この頃,トウモロコシ($2n=20$)の各染色体の形態的特徴を明らかにして,染色体再配列や異数体の形成に関わっている染色体の同定を可能にした.次いで,末端にヘテロクロマチンの塊(ノブ)をもつ9番染色体およびこの染色体と8番染色体の間の相互転座を発見し(1930),穀粒の性質を変える突然変異遺伝子の連鎖群と9番染色体の短腕を関連付けて(1931),組換えの細胞学的証明のお膳立てをした.

四価染色体 マクリントック(1930)が発見した8番染色体と9番染色体の相互転座は,ノブをもつ9番染色体の長腕の一部と正常8番染色体の長腕の一部を交換しているもので,9番染色体のセントロメアをもつ転座染色体は正常9番

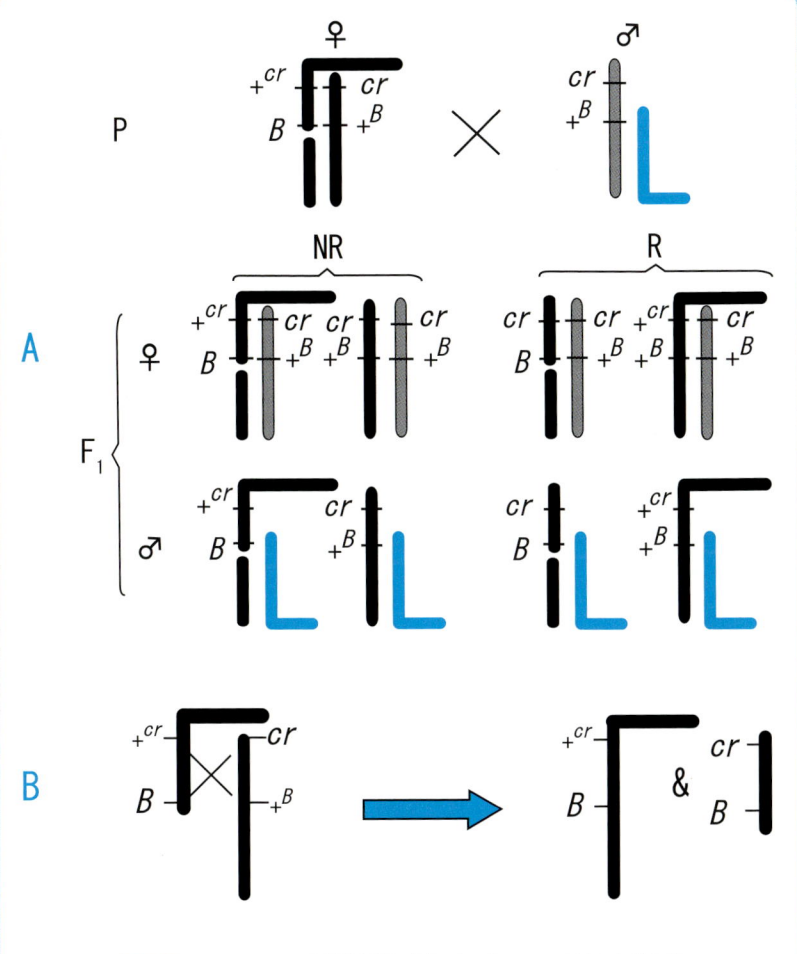

図 53 スターンの証明実験 (2) (スターン, 1931 を改写)

A. 図中, cr は葡萄酒色眼の遺伝子, B は棒状眼遺伝子, $+^{cr}$ は cr の野生型対立遺伝子, $+^B$ は B の野生型対立遺伝子. P♀の遺伝子 B で標識された染色体は $\widehat{X^pY^L}$, 非標識の小型染色体は X^d, 遺伝子 cr で標識された染色体は正常 X 染色体. P♂の灰色棒は正常 X 染色体. 青棒は Y 染色体. NR は非組換え体. R は組換え体.
B. この実験における染色体組換え (×).

染色体よりも大型になっている (図54A).

彼女は, この転座をヘテロ接合でもつ系統の花粉形成過程を観察して, 第一減数分裂前期において通常の相同染色体が対合して二価染色体を形成している時期 (**パキテン期**) に2型の転座染色体と2種の正常染色体が互いに相同な領域で対合して四価染色体を形成していることを発見した (図54B).

半不稔性　さらに, マクリントックは, パキテン期に四価染色体を形成していた4つの染色体が, 将来の分裂面に向かって移動している時期において, 他の研究者が報告していたリング状配列 (図54C) を形成することを確認した. この配列の各染色体を同定した彼女は, 第一分裂の際に, 2:2に分離して, やがて6型の配偶子をつくると指摘した. 図中の記号を使うと, (N, n), (I, i), (N, I), (N, i), (n, I), (n, i) の6型である.

彼女によれば, これら6型の配偶子の内, (N, n) の正常8番染色体と正常9番染色体あるいは (I, i) の2型の転座染色体をもった配偶子は, 穀粒を結実させる能力 (**稔性**) を有すが, 他の4型は不均衡型の染色体構成をもつので, 稔性を低下させる. 事実, 彼女が用いた系統は, 穀粒を正常レベルの約50%しかつけない半不稔系統であったし, 他の半不稔系統でも同様に不均衡型の配偶子が形成されている細胞学的証拠が得られた.

細胞学的標識と遺伝子の連鎖　クレイトンとマクリントック (1931) は, 証明実験に先立って, 転座染色体のノブと交換点の間の染色体組換えの頻度を求める実験を行った. 得られた頻度39%と, マクリントック (1931) がすでに求めていた穀粒の性質を変える突然変異遺伝子 (c と wx) と交換点の間の組換え頻度から, 転座染色体における細胞学的標識と遺伝学的標識の連鎖の関係を明らかにした (図55). ここで, 遺伝子 c (*colorless*) は有色の穀粒を劣性形質の無色にし, 遺伝子 wx (*waxy*) は野生型のデンプン質の胚乳を劣性形質のウルチ質にする突然変異である.

証明実験の親系統　図56 に示しているように, クレイトンたちは, 遺伝子 wx で標識されたノブをもつ転座染色体 (以下「有ノブ・転座」) と遺伝子 c で標識されたノブをもたない正常9番染色体 (「無ノブ・正常」) のヘテロ接合体を P

3.5 組換えの細胞学的証明

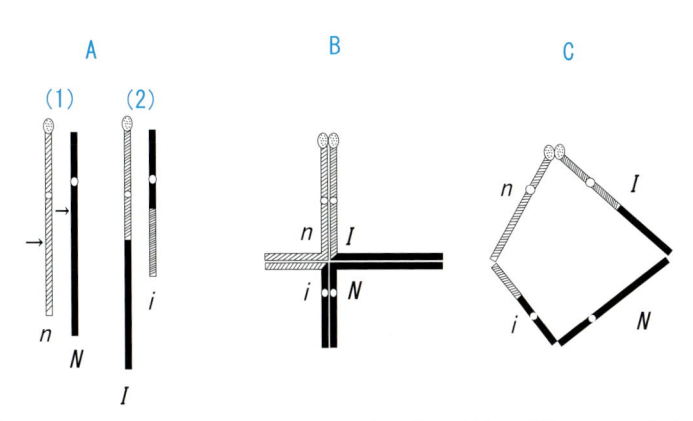

図 54 トウモロコシの相互転座ヘテロ接合体の減数分裂期における染色体配置（マクリントック，1931 を模写）

A. (1) ノブを短腕末端にもつ 9 番染色体 n と正常 8 番染色体 N．矢印は (2) の転座をもたらした切断点．
B. 転座染色体のヘテロ接合体の第一減数分裂前期パキテン期で形成する四価染色体．この図で直角に折れ曲がっている部位が染色体断片を交換した点（交換点）．
C. 四価染色体が第一分裂前期の移動期に形成するリング状配列．

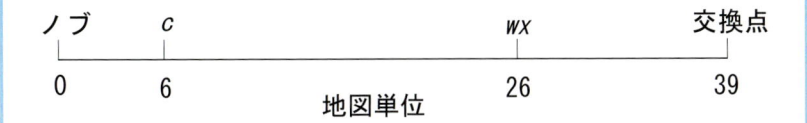

図 55 転座染色体における 9 番染色体短腕の細胞学的標識と穀粒の性質を決める遺伝子の連鎖（クレイトンとマクリントック，1931 が記載している組換え頻度に基づいて作図）

世代の雌(授粉される植物体)として証明実験に用いた．交配相手の雄(花粉を供給する植物体)には，遺伝子 c をホモ接合，遺伝子 wx をヘテロ接合でもつ「無ノブ・正常」系統を用いた．

通常，2つの遺伝子間の組換えを検出する実験では，標識遺伝子の二重ヘテロ接合体は，その配偶子の遺伝子型を決めるべく，二重ホモ接合体と交配する．実際，図55の連鎖関係を調べた交配実験では標識遺伝子 c と wx をホモ接合でもつ「無ノブ・正常」染色体の系統が雄親として使用されていた．何故，証明実験では，遺伝子 wx のヘテロ接合体を雄親に用いたのか解せない．それでも実験は成功した．次記のように，F_1 植物の花粉の形質から wx 座位の遺伝子型を決めたからである．

花粉のヨード反応　図56の交配実験で得られた F_1 植物体は，穀粒の表現型によって4クラスに分けられ，それぞれのクラスで母親由来の染色体の形態が細胞学的に検討され，一部の植物体では，花粉のヨード処理によって wx 座位の遺伝子型が同定された．この処理に対する花粉の反応はデンプンの有無を示し，陽性と陰性の両方の花粉をつくった植物の遺伝子型は $(+/wx)$，すべてが陽性の花粉であった場合，遺伝子型は $(+/+)$ となる．

証明　彼女たちが得た実験結果を表6にまとめている．表中のデータは遺伝子組換え体は例外なく染色体の組換え体であったことを示している．こうして，彼女たちは，遺伝子組換えは染色体組換えによることを証明した(詳細はコラム参照)．

トウモロコシとハエ　以上紹介したクレイトンとマクリントックの研究は前項で紹介したスターンの研究とともに，遺伝学史上画期的と評されている．これらの研究が，独立に行われたにも関わらず，同時期に発表された背景には，トウモロコシとハエにおいて，ほぼ同時期になされた転座染色体の遺伝様式の解明があった．トウモロコシにおけるこの成果は，減数分裂期における染色体行動の細胞学的解析(図55)によるもので，それは，ハエの遺伝学的解析による説明 (3.4.2項) を補完するものであった．以来,減数分裂期における染色体再配列の行動を，トウモロコシでは細胞学的方法，ハエでは遺伝学的方

3.5 組換えの細胞学的証明

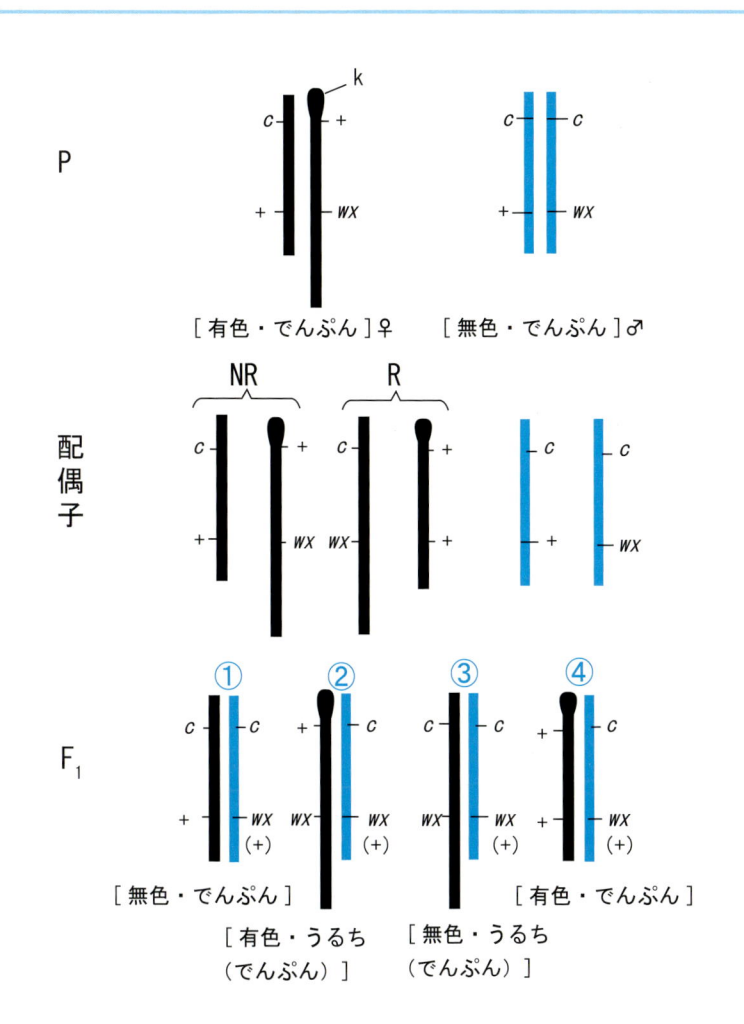

図56 クレイトンとマクリントックの証明実験

図中，kはノブ．cは穀粒を無色にする突然変異遺伝子，wxは胚乳をウルチ質にする突然変異遺伝子．+はそれぞれに対応する野生型対立遺伝子．F_1の表現型の括弧内は，父親から wx 座位の野生型対立遺伝子が伝わった場合の胚乳の性質．NRは非組換え体．Rは組換え体．①〜④は表6で言及．

3.6 唾腺染色体

ペインターとマラー (1929) の研究を皮切りに急速に進展した染色体再配列の細胞遺伝学的研究は，すでに紹介したように，スターン (1931) による組換えの細胞学的証明とドブジャンスキー (1930～1932) による細胞学的地図の作成など大きな成果を挙げた．しかし，卵巣の細胞や幼虫の脳神経節の細胞の染色体を対象とする研究の限界もみえてきた．いろいろな再配列を利用して染色体の特定領域に多くの遺伝子をマップするには染色体が小さすぎるし，遺伝学的には再配列でも，それが染色体の形態を顕著に変えない限り細胞学的確認は不可能であった．

1933 年，この状況が一変し，ショウジョウバエは，他に比類がないほど，体細胞の染色体研究に有利な材料になった．この年，バルビアニ (1881) がハエ目昆虫の幼虫で発見していた**唾液腺**細胞における巨大染色体 (**唾腺染色体**) がハイツとバウエルによって再発見されたのである．

3.6.1 形態的特徴

ショウジョウバエの唾腺染色体 (図 57 A) において，染色中心と呼ばれている不定形の構造から出ている 6 本の腕が二倍体細胞における染色体の腕の「遺伝的に活性な領域」に相当し，それぞれの腕は，特有の濃淡の縞 (バンド) 模様によって区別できることに最初に気づいたのはペインター (1933, 1934) である．ブリッジェス (1935-1938) も気づいた．彼らによって，下記のような唾腺染色体の形態的特徴が明らかにされた：

① 体細胞対合：唾腺染色体の各腕はそれぞれ多数の染色分体からなる 1 対の相同染色体の腕が体細胞対合してできている．
② 巨大：二倍体細胞の染色体よりもはるかに大きい (図 57 B)
③ Y 染色体はみえない：腕の数は雌雄で同じ．Y 染色体は**染色中心**の一部

| 遺伝子の組換えと染色体の組換えの相関 | 図56の実験でクレイトンとマクリントックは27個体のF_1植物体を得た．彼女たちは，それらを表現型に基づいて分けた4つのクラスのそれぞれで遺伝子型と染色体の形態の対応を検討した． |

その結果，下表の灰色欄に示しているように，F_1で期待された2型の非組換え体①と②，および2型の組換え体③と④に対応する計16個体の植物体が，遺伝子組換えと染色体組換えの相関を示していた．他の11個体は，この相関と矛盾するものではなかった．

表6 クレイトンとマクリントックの証明実験におけるF_1植物体の染色体の形態と遺伝子型

クラス	表現型	染色体の形態[a]	遺伝子型[b]	図56のF_1[c]
I	有色・ウルチ	有ノブ・転座 (3)	$+/c\,;\,wx/wx$ (3)	②
II	無色・ウルチ	無ノブ・転座 (2)	$c/c\,;\,wx/wx$ (2)	③
III	有色・デンプン	有ノブ・正常 (5)	$+/c\,;\,+/+$ (1)	④
		不明 (2)	$+/c\,;\,+/+$ (1)	不明
IV	無色・デンプン	無ノブ・正常 (11)	$c/c\,;\,+/+$ (5)	①
			$c/c\,;\,+/wx$ (5)	①
		無ノブ・転座 (4)	$c/c\,;\,+/+$ (2)	該当なし
			$c/c\,;\,+/wx$ (2)	?

表中の括弧内は個体数．
a) 母方由来の染色体．形態の略記は本文参照．
b) クラスIとIIのwx座位の遺伝子型は表現型に基づく．クラスIIIとIVはヨード反応に基づく遺伝子型．
c) 「該当なし」は遺伝子wxと交換点の間の組換え体（図55参照）．「?」は，wx座位の遺伝子+が母親由来ならば「該当なし」，父親由来ならば③のケース．

になっている．

④ セントロメア領域もみえない：各染色体のセントロメア領域は染色中心に含まれているので，観察できない．

⑤ 多数のバンド：ほぼ同じサイズの 5 本の腕のそれぞれは約 1000 本のバンドを現している (表 7)．

ここで，①はメッツ (1914) の発見「ハエ目昆虫の体細胞の間期において相同染色体は対合している」の確認である．また，③と④は，ハイツ (1933) と同時期に，ハエの Y 染色体全体と各染色体のセントロメア領域がヘテロクロマチンからできていることを発見したものである．

bb 座位 ただし，唾腺染色体の腕，すなわちペインターがいう「遺伝的に活性な領域」がユークロマチンのみで構成されていると考えるのは早計である．現在の理解では，唾腺染色体は，幼虫の唾液腺の細胞の中で，1 対の相同染色体のそれぞれのユークロマチン領域とこの領域に接している一部のヘテロクロマチンの DNA が複製を繰り返して多糸化して一束になった巨大な間期染色体である．「一部のヘテロクロマチン」は遺伝子をもつ部分である．具体的には，図 59 の連鎖地図の右端に位置している断髪遺伝子 bb (*bobbed*) の座位は，二倍体細胞の染色体ではヘテロクロマチン領域にある．それは図 50 の X 染色体の二次狭窄部に位置している．したがって，現在でも，唾腺染色体の染色中心は「遺伝的に不活性な領域」で腕は「遺伝的に活性な領域」と理解する方が妥当であろう．

多糸染色体 上記の多糸の「糸」は染色分体のことで，「一束」は 1024 本，多い場合は 2048 本の染色分体からなる．染色体を 1 セットもっている細胞は半数体 (一倍体)，2 セットもっている細胞は二倍体と呼ぶ慣わしに従うと，幼虫の唾液腺の細胞は「超」高倍数性の千二十四倍体である．

図 57 ハエの唾腺染色体

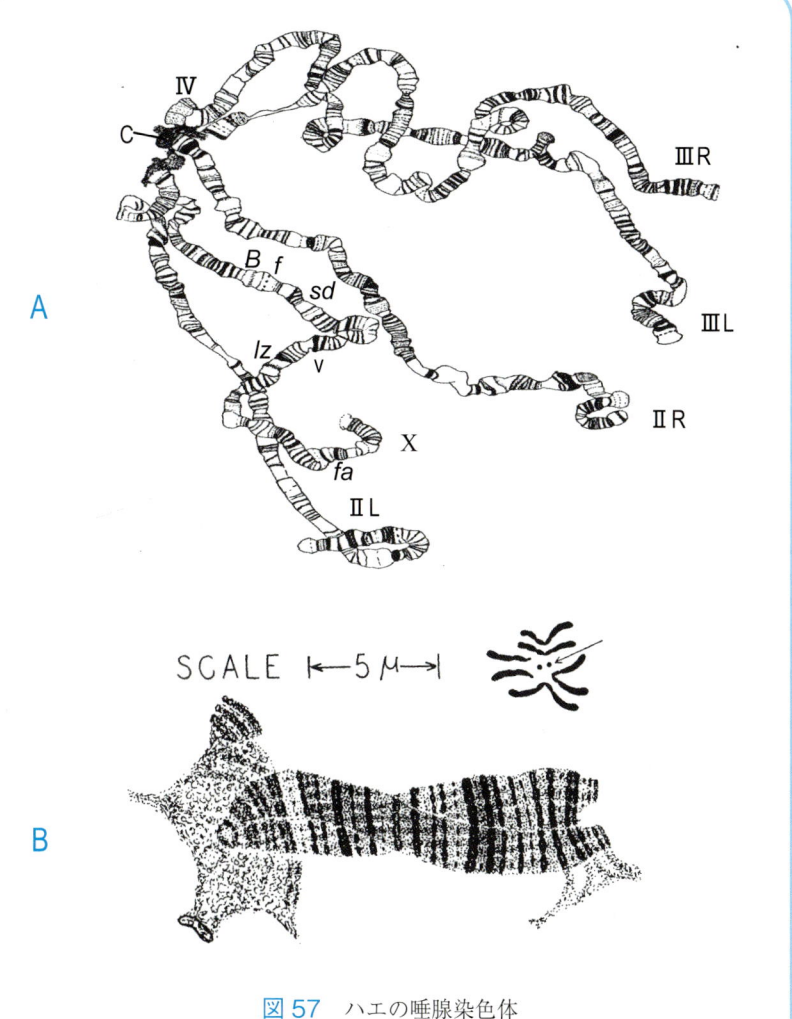

A. X, Y, Ⅱ, Ⅲ, Ⅳ は X 染色体, Y 染色体, 第 2 染色体, 第 3 染色体, 第 4 染色体. L と R は左腕と右腕. C は染色中心 (ペインター, 1934 から許諾を得て転載. © Genetic Society of America).
B. 第 4 染色体右腕の唾腺染色体と二倍体細胞の染色体のサイズの比較 (ブリッジェス, 1935 を許諾を得て転載. © Oxford Univ. Press).

3.6.2　ペインターの唾腺染色体地図

　ペインター（1933）の論文タイトルは「染色体再配列と細胞学的地図作成の研究のための新しい方法」であった．彼は，翌年発表した，3報の論文で「新しい方法」を具体的に報告した．

腕の同定　彼の論文によると，まず，連鎖地図上での切断点が明らかになっていた転座，欠失，および特定の領域で組換えを抑える「**交叉抑制因子**」のヘテロ接合体の唾腺染色体を観察して，それぞれの腕が二倍体細胞のどの染色体，あるいはどの染色体の腕に対応するかを決めた（図57A）．ここで，「交叉抑制因子」とは，スターテヴァント（1926）が，遺伝学的証拠に基づいて，逆位であると主張していたもので，ペインターによって，それが細胞学的にも逆位であることが証明された染色体再配列（図58A）である．

切断点の決定　再配列のヘテロ接合体はそれぞれに特徴的な唾腺染色体像（図58）を示した．この発見によって，再配列のヘテロ接合体でも，相同な染色体領域であれば対合することが明らかになり，正常な染色体領域と再配列した領域の境に再配列の切断点を決定することができた．

最初の唾腺染色体地図　ペインター（1933）が作成したX染色体の唾腺染色体地図を図59に示している．この地図は，2.2.2項で紹介したペインターとマラー（1929）の実験で使われた欠失X14（del.14）系統，6系統のX染色体と第4染色体の間の相互転座，および2系統の逆位 delta 49 と *ClB* の切断点を染色体上と連鎖地図上に定めて作成された．一目で染色体の全体が連鎖地図の全体にほぼ対応していることがわかる．この対応は，図中の del.14 の2つの切断点が唾腺染色体でも連鎖地図でも両端近くに位置づけられていることからも明らかである．彼によると，この欠失染色体で残っている部分は正常サイズの約1/20である．卵巣の二倍体細胞では，この染色体は正常サイズの半分程度の大きさだった（図45）．

3.6 唾腺染色体

表7　唾腺染色体の各腕の量的特性と区分

	バンドの数	長さ（μm）	区分[a]
X染色体	1024	414	1～20
第2染色体左腕	803	370	21～40
第2染色体右腕	1136	446	41～60
第3染色体左腕	884	424	61～80
第3染色体右腕	1178	519	81～100
第4染色体	137[b]	46[b]	101～102
計	5162	2219	102

a) ブリッジェス（1935）より．本文3.6.3項参照．
b) スリジンスキー（1944）より．他の測定値はブリッジェスと彼の息子のフィリップの研究（1935～1944）による．

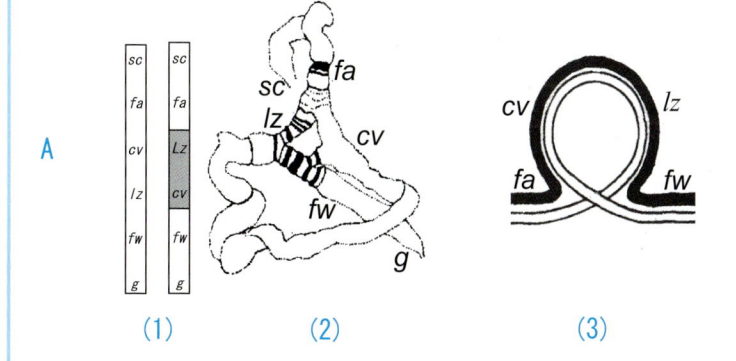

図58　染色体再配列のヘテロ接合体の唾腺染色体像

A. （1）delta 14逆位のヘテロ接合体．（2）逆位領域で形成しているループ構造（ペインター，1934を許諾を得て転載．© Genetic Society of America）．
（3）ループ構造の模式図．

3.6.3　ブリッジェスの唾腺染色体地図

　ブリッジェスは，1933年，地図の作成に着手し，1935年，各染色体のバンドを詳細に描いた地図を発表した．この際，彼は，明瞭なバンドを目印にして，唾腺染色体を区分とその下位の亜区分に分けて，再配列の切断点や遺伝子の位置を記載することを提案した．具体的には，X染色体と4本の大型常染色体の腕のそれぞれを100区分，第4染色体を2区分，各区分を左端のバンドをAとして最多Fまでの亜区分に分けるという提案である（表7）.

　1938年に発表された唾腺染色体地図の改訂版では，亜区分内の個々のバンドが左端から1, 2, 3と番号がつけられ，それぞれの形態的特徴が図示されている（図60）．この年，彼は逝去した．享年49歳．彼の遣り残した仕事を息子のフィリップが受け継いで，1944年まで既報の地図の改訂版作りを進めた．ブリッジェス父子が作成した唾腺染色体地図は，ショウジョウバエ遺伝学者の共有財産として現在まで重宝されている．

3.6.4　不等交叉と遺伝子重複

棒状眼遺伝子　1914年の発見以来，X染色体の標識遺伝子として繁用されてきた突然変異遺伝子 B (*Bar*) の系統で1000〜2000個体あたり1個体の頻度で正常眼をもつハエ（復帰体）と眼がさらに細くなった棒状眼（「超」棒状眼）のハエが出現することが1910年代末から知られていた．これらは雌の子孫に限って出現することから，スターテヴァントとモーガン (1923) は，その出現に組換えが関与していると考え，［フォーク状剛毛］の遺伝子 f と［翅脈融合］の遺伝子 fu (*fused*) によって B 遺伝子の両側を標識したX染色体と無標識のX染色体のヘテロ接合体 ($fBfu/+B+$) を作成して，組換えの検出実験を行ったところ，検出された復帰体と「超」棒状眼のハエすべてが標識遺伝子の組換えを伴っていた（図62参照）．

「不等交叉」説　スターテヴァント (1925) はさらに検討を重ね，野生型の［丸眼］への復帰体と「超」棒状眼は，減数分裂期において不等交叉がおきてい

3.6 唾腺染色体

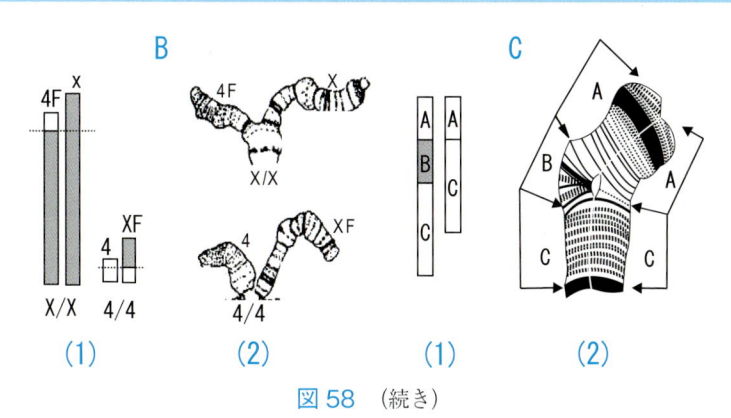

図58 (続き)

B. (1) X染色体と第4染色体の相互転座のヘテロ接合体．破線より上方は非対合領域．X/X と 4/4 は相同染色体が対合している領域．XF と 4F はそれぞれ X 染色体と第4染色体の転座断片．
(2) 唾腺染色体像 (ペインター, 1934 から許諾を得て転載. © Genetic Society of America).
C. (1) 第2染色体の右腕の端部付近でみつかった欠失のヘテロ接合体.
(2) 唾腺染色体像 (モーガン, 1934 を改写).

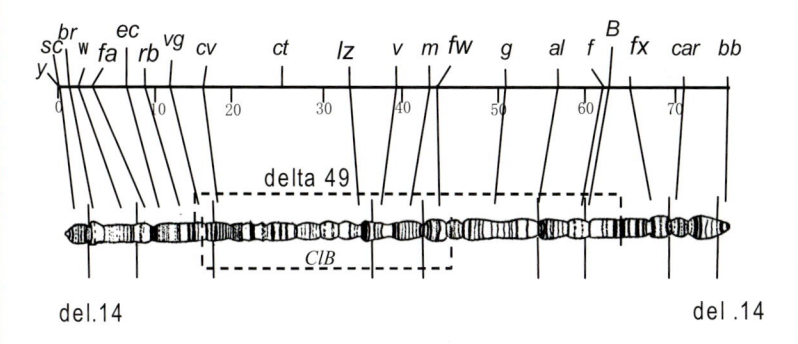

図59 ペインター (1933) の唾腺染色体地図
図中，染色体を横切る線は再配列の切断の部位を示す．delta 49 と ClB は逆位．del.14 は欠失．他は X 染色体と第4染色体の相互転座の切断部位を示す．連鎖地図からの線は当該遺伝子が存在する染色体領域を指す (許諾を得て模写. © The American Association for the Advancement of Science).

る証拠だと主張した．この説によると，復帰体の［丸眼］は遺伝子 B を欠失して野生型に戻っている遺伝子 (B^r)，「超」棒状眼はそれを重複してもっている二重 Bar (BB) の表現型である．

遺伝子重複　ブリッジス (1936) は，遺伝子の突然変異と考えられていた棒状眼の原因は，実は唾腺染色体の区分 16 の亜区分 A の重複による染色体再配列であることを発見した（図61）．16A 内に存在して眼のサイズを決めている遺伝子の重複の発見である．この発見と他の染色体でみつかったバンドの重複を基に，「遺伝子重複によって生じた余分な遺伝子が突然変異をおこして新たな機能をもつ遺伝子になる」という説を提唱した．この説が予見したかのように，今世紀初頭，ハエとヒトの遺伝子の約 40％ は遺伝子重複によってできた遺伝子であることが明らかになった．

不等交叉による遺伝子の重複と欠失　ブリッジスは，BB は 16A の三重複，復帰遺伝子 B^r は野生型と同様に 1 つの 16A をもつ状態に戻っていることも明らかにした（図61）．この発見によってスターテヴァントの「不等交叉説」が正しいことが証明された．

図62A に示しているように，第一減数分裂前期において，16A・16A の反復 2 領域が正常に対合すれば，対合している 2 つの 16A 内のどこで交叉がおきても棒状眼「遺伝子」は変化しない．しかし，対合エラーによって一方の 16A のみが対合すると，交叉は対合している 16A の間でしかおきない（同図 B，C）．この不等交叉の結果できる 2 型の組換え体の一方は 16A をさらに重複させた三重複，他方はそれの欠失をもつことになる．

現在，16A 内の 2 箇所で相同な DNA 配列が知られている．正常遺伝子から棒状眼「遺伝子」形成に関して可能なしくみを D に示している．

3.6.5　染色体再配列と位置効果

1)［棒状眼］

昆虫の眼は個眼と呼ばれている小さな眼が集まってできている複眼である．スターテヴァント (1925) は，BB のヘテロ接合体 (BB/+) と B のホモ接

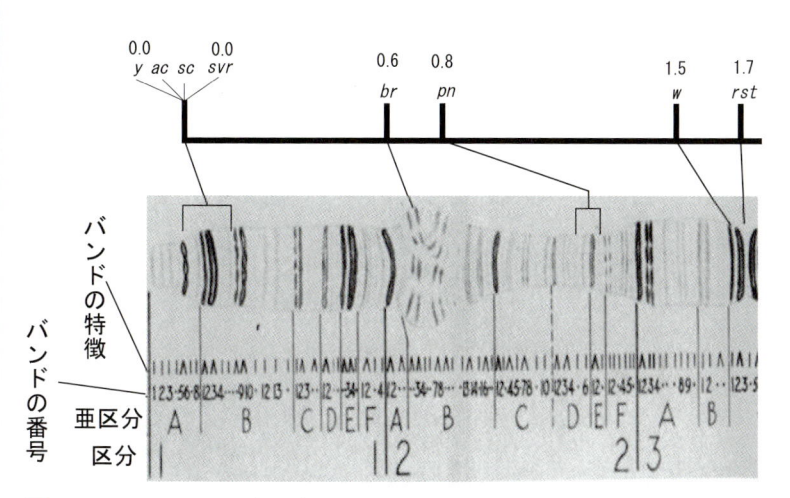

図 60 ブリッジェス（1938）の唾腺染色体地図（一部）（許諾を得て転載. © Oxford Univ. Press）

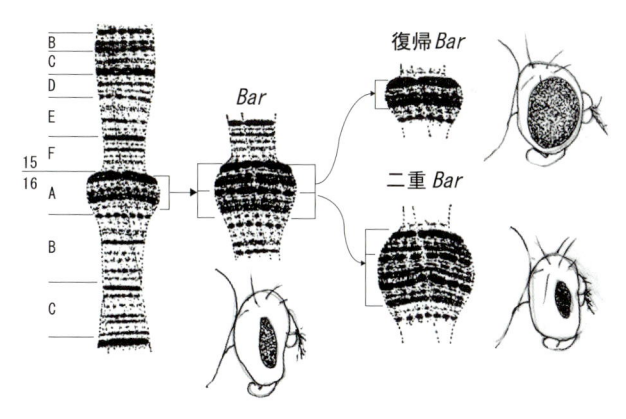

図 61 唾腺染色体の［棒状眼］関連領域 16A における重複と欠失（ブリッジェス, 1936 を許諾を得て転載. © The American Association for the Advancement of Science）.

合体 (B/B) の個眼の数を測定して，［棒状眼］の程度を比較した．その結果，(B/B) バエの複眼は ($BB/+$) バエの複眼よりも 30% ほど少ない個眼からなることがわかった．これは，2 つの遺伝子 B が同じ染色体に存在している場合と別々の染色体に分かれて存在している場合で表現型が変わる現象である．彼はこの現象を「位置効果」と呼んだ．

　図 63 A の (1) と (2) に示しているように，ブリッジェス (1936) の研究はスターテヴァントの位置効果が染色体再配列を伴う現象であることを明らかにした．さらに，［棒状眼］自体が位置効果によるものである証拠も得られた．図 63 B の (1) と (2) に示しているように，正常雌バエは 16A を 2 つホモ接合 (16A/16A) でもっていても正常な［丸眼］であるが，2 つ並んだ 16A をヘミ接合 (16A・16A) でもつ雄バエは［棒状眼］を呈することがその証拠である．16A は 15F と隣接していれば，16A に存在する「眼のサイズを決める遺伝子」が正常発現するが，16A が同じ 16A に隣接するとこの正常遺伝子の発現が抑えられて棒状眼になるのである．

2)［まだら眼］

　1927 年，マラーは眼色がまだらな雌バエをみつけた (図 64)．このハエの父親は X 線照射を受けた野生型系統のハエで母親は白眼遺伝子のホモ接合体であった．「まだら眼」は白眼座位における既知の突然変異遺伝子の表現型と対立する形質と考えたマラー (1930) は，その原因遺伝子に「白眼座位の最初のまだら眼」を意味する名称 *white-mottled 1* (w^{m1}) を与えて遺伝学的検討を行った．その結果，表現型［まだら眼］は［白眼］に対して優性，［赤眼］に対して劣性であることがわかった．しかし，連鎖地図上の所定の位置にマップすることはできなかった．［まだら眼］バエでは，白眼座位を含む第 1 連鎖群の一部の遺伝子が第 3 連鎖群へ転座していたのである．別の研究者がみつけたケースを含めて，1930 年の論文発表までに，新たに 4 例の［まだら眼］突然変異体が得られた．加えて，黄色遺伝子 y のヘテロ接合体 ($y/+$) が「まだら体色」，フォーク状剛毛の遺伝子 f のヘテロ接合体 ($f/+$) が「まだら剛毛」を発現しているケースなども記録された．いずれも放射線照射実験でみつかったもので，

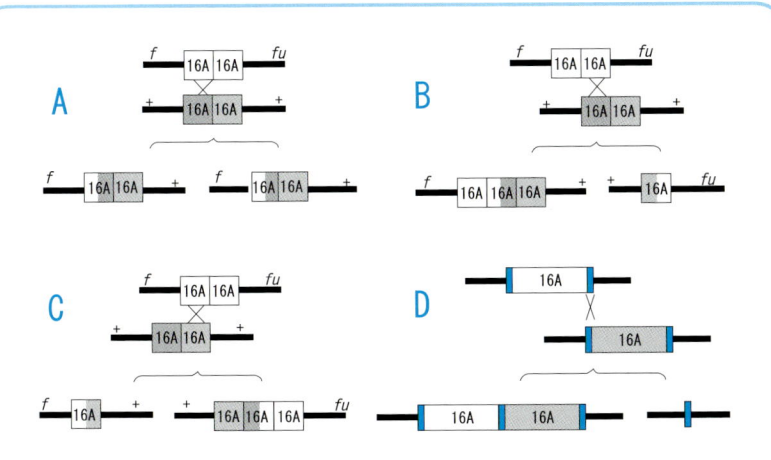

図 62　不等交叉による遺伝子の重複と欠失の形成

図中，16Aは眼のサイズを決める正常遺伝子が存在する唾腺染色体の亜区分 (図61参照)．fはフォーク状剛毛，fuは翅脈融合の遺伝子．**A**．正常対合と正常交叉．**B**と**C**．2通りの対合エラーと不等交叉．**D**．16A重複の可能な形成機構．赤は相同なDNA配列が存在する領域．

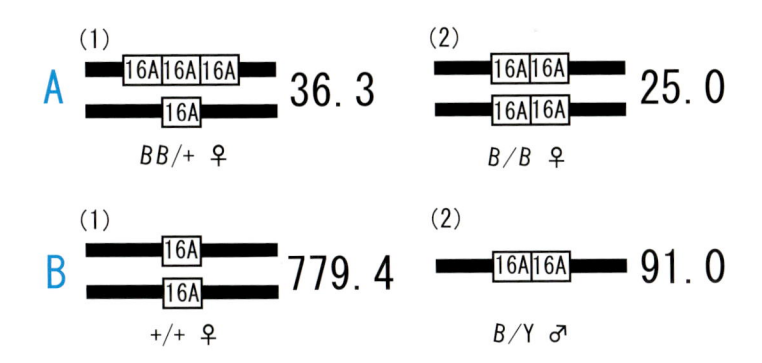

図 63　位置効果による眼のサイズの変化

図中の数字はスターテヴァント (1925) が測定した複眼1つあたりの個眼数．**A**．唾腺染色体の亜区分16Aが4個の場合．**B**．16Aが2個の場合．

遺伝学的に検討すると，「まだら」突然変異体は，例外なく，転座，逆位あるいは欠失を伴っていた．また，「まだら」模様は親子，同胞間でも異なることが共通の特徴として認められた．

新たな位置効果　1933年の唾腺染色体の再発見後，1930年代末までに，「まだら」突然変異の成因に関する研究が急速に進展し，次の新事実が明らかになった：

①「まだら」突然変異に伴っている再配列は，調べられた限り例外なく，関係する座位を含む染色体領域をヘテロクロマチン領域の近くに移している．
②再配列した遺伝子は突然変異をおこしていない．
③再配列した一連の遺伝子の中で，ヘテロクロマチン領域と近い位置にある遺伝子ほど「まだら」を発現しやすい．

ヘテロクロマチンの影響で本来ユークロマチン領域にある正常遺伝子の発現がさまざまな程度で抑えられたために「まだら」になることがわかったのである．例えば，［まだら眼］第一号の雌バエ（図64）の眼の細胞の一部では完全に遺伝子発現が抑えられ，別の一部では正常発現，さらに別の一部では中途半端に抑えられたために［まだら眼］になる．

V型位置効果　ルイス（1950）の提案によって，彼が発見した位置効果（コラム参照）を含めて，安定した表現型を示す位置効果を**S型**として，ヘテロクロマチンが関わる位置効果はV型位置効果と呼ばれるようになった．「まだら」発現のメカニズムは，現在，クロマチンの構造変化（**ヘテロクロマチン化**）による遺伝子発現の制御機構との関連で分子遺伝学的に研究されている．

3.6 唾腺染色体

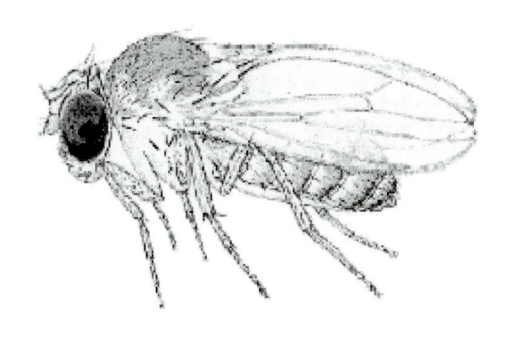

図 64　「まだら眼」突然変異体第一号

この雌バエが産んだ [まだら眼] 雌バエの眼は全体に色が薄くなり，赤色は散在する小斑点として発現していた．親子で「まだら」模様が異なる一例である．（マラー，1930 より許諾を得て転載．© Springer）

染色体再配列を伴わない位置効果

2 つの突然変異遺伝子 (a_1, a_2) のヘテロ接合体において，それらが同じ染色体に並んでいる配置 ($a_1 a_2/+ +$) を**シス**，相同染色体に分かれて存在している配置 ($a_1+/+a_2$) を**トランス**という．

1945 年，連鎖地図上で隣接している突然変異遺伝子 S（$Star$）と ast（$asteroid$）をトランス型（$S + /+ ast$）の配置でもつハエはシス配置（$S\ ast /+ +$）のハエよりも顕著な形質「粗くて小さな眼」を現すことがルイスによって報告された．これは再配列を伴わない位置効果の最初の報告例である．

菱形眼座位の 3 つの突然変異型対立遺伝子の組み合わせを変えて形質への影響を調べたグリーン夫妻（1949）は，6 通りの組み合わせのすべてで，シス配置では野生型，トランス配置では突然変異形質の「菱形眼」を発現することを報告した．その後，白眼座位を含むいろいろな座位において同様なシス・トランス効果が認められ，トランス配置で突然変異形質を発現するのが一般的であることがわかった．スターテヴァント（1913）が複対立遺伝子の証拠とした w と w^e のヘテロ接合体（$w + /+ w^e$）の突然変異形質「エオシン眼」（1.3.4 項参照）は位置効果の証拠であった．

エピローグ

ノーベル賞 1933年，モーガンは，遺伝学の分野で初のノーベル生理学・医学賞を受賞した．唾腺染色体地図を報告したペインターの最初の論文は，同年12月に発表された．モーガンは同時期に行われたノーベル賞授賞式を欠席した．理由はわからない．確かなことは，半年遅れた彼の受賞講演において，ペインターの最新データを引用する時間的余裕ができたことである．

第三の法則 受賞講演において，モーガンは，メンデルの分離と独立の法則を，それぞれ遺伝の第一法則，第二法則とし，組換えは第三の法則であると主張した．同講演は，この「第三法則」を含めて遺伝学の流れを予言する内容で，今日でも高い評価がある．特に，発生に関する「一群の遺伝子の働きで細胞質の性質が変わり，変わった細胞質は別の遺伝子群の発現を導くことによって，発生が漸次進行する」という考察は，ハエの遺伝学があげた1980年代の成果を先見するものであった．

医療における遺伝研究 しかし，彼の講演には問題もあった．それは，医者が遺伝病患者の相談にのる医療行為（**遺伝カウンセリング**）の意義は認めつつも，遺伝病の研究は遺伝学に貢献しない，という内容の発言である．フェーリングによるフェニルケトン尿症の発見（1933）など，当時の医学は独自の方法で遺伝学を発展させていた事実に，モーガンは無関心だったのである．

Gバンド 1971年，23種類のヒトの染色体を濃淡の縞模様（バンド）に染めて，それぞれに特徴的なバンドのパターンによって特定の染色体領域を判別する方法が開発された．Gバンド法と呼ばれるようになったこの方法で人類遺伝学は「唾腺染色体」を得た．

遺伝学の革命 1980年代，遺伝子が自由に操作できるようになると，遺伝子型から表現型の研究ができるようになった．1990年代になると，染色体のバンド模様に多数のDNA断片を位置づけた地図（**物理学的地図**）が作成された．1999年のハエに続き，2003年にヒトのゲノムが完全に解読され，遺伝学的研究のモデル生物として，ハエの最大のライバルはヒトになった．

第4章

自然突然変異と誘発突然変異

- 4.1 自然突然変異
- 4.2 誘発突然変異
- 4.3 逆位ヘテロ接合体

第4章　自然突然変異と誘発突然変異

　モーガンたちが1911〜1914年の短期間でショウジョウバエの4つの連鎖地図を作成できたのは，彼らが，常時大量に飼育しているハエの中から，自然に発生した突然変異体を探す努力を怠らなかったからである．しかし，自然突然変異は極めて稀で，いつの世代で，染色体のどこで発生し，どのような表現型を示すか予測できないので，このような努力には限界がある．

　突然変異が人為的に誘発できれば，目的とする突然変異体を計画的に得ることができ，遺伝の研究をより効率的に行うことができる．しかし，レントゲンによるX線の発見（1895）以降，多くの研究者たちによって放射線や化学物質による遺伝子の突然変異の誘発が試みられてきたが，いずれも成功には至っていなかった．

　1927年，マラーはX線による遺伝子突然変異の誘発の成功を発表した．翌年，スタドラーによって**オオムギ**の突然変異誘発の成功が報告された．放射線誘発の突然変異を理解，利用する新たな遺伝学が始まった．

4.1　自然突然変異

　マラーが突然変異の人為誘発に成功した秘訣は，X線照射実験を行う前に，自然発生している劣性致死突然変異（以下，劣性致死，遺伝子記号 l）を効率よく検出する方法を開発したことにある．劣性致死を指標に選ぶと表現型の［致死］は予測できる．予測できないのは染色体のどこで，いつ発生するかである．これら2つの問題を見事にクリアした彼は環境要因の変動に伴う突然変異率（1世代あたり，1つの染色体に自然発生した劣性致死の数）の測定に成功し，1928年，これらの成果が87ページに及ぶ論文で発表された．

4.1.1　性比法によるX染色体の劣性致死検出

　1918年に始まったマラーの自然突然変異の研究において，劣性致死を検出する最初の実験は性比法と呼ばれている方法を用いて行われた．この方法は，次に記すように，**伴性劣性致死**の遺伝様式に基づいている：

自然突然変異率と誘発突然変異率

マラーが伴性劣性致死を指標にして図67の試験で求めた自然突然変異率は 1.0×10^{-3}（/X染色体/世代）であった．この変異率は1世代あたり1000のX染色体で劣性致死1つ，あるいはX染色体1つあたり1000代で1つの劣性致死が自然発生していることを意味する．

下表に可視突然変異を指標にして座位1つあたりの突然変異の数で求めた自然突然変異率を示している．上記の1/1000が表中のいずれの値よりも1〜3桁高いのは，劣性致死は染色体のいたるところで生じているからである．

表中には，精子において，X線の**線量**1 Gy（線量単位はp.155 コラム参照）あたり1座位で誘発される突然変異の数も示している．「自然」と「誘発」の値が近似しているのは「自然」と同程度で特定座位突然変異を誘発するには1 Gy必要であることを意味する．

表8 ハエの特定座位における自然突然変異率とX線による誘発突然変異率

グループ 座位	自然突然変異率 数/座位/世代（$\times 10^{-5}$）	誘発突然変異率 数/座位/Gy（$\times 10^{-5}$）
A) *dumpy*	24.5	15.3
B) *yellow, white, cut, garnet*	1.2	1.6
C) *carmine, forked, raspberry*	0.6	0.5
D) *prune, dusky, outstretched-small-eye, singed, carnation, echinus*	0.2	0.2

A) 第3染色体の座位（藤川と稲垣，1979より）．B)〜D) X染色体の座位（シュクラ他，1979より）．B)〜D) の各グループの数値は，示している座位で得られた突然変異率の平均値．

① 伴性劣性致死を体細胞にもつ雄バエは存在しないが，生殖細胞で生じた劣性致死は次世代の雌に伝わる．
② 伝わった劣性致死は雌バエの生存にも生殖にもほとんど影響しない．
③ 劣性致死をヘテロ接合でもつ XX 雌を XY 雄と交配すると，次世代の XY 雄の半数は，劣性致死を受け継ぎ，成虫期までに死ぬので，成虫期における雄：雌の性比は 1：2 になる．

試験法 図65 を参照して，**性比法**による試験の実施手順をみてみよう：

① P：断髪遺伝子 *bb* で標識された X 染色体をもつ雄バエを，胸部の一部で剛毛の欠損をもたらす遺伝子 *sc*，朱色眼の遺伝子 *v* およびフォーク状剛毛の遺伝子 *f* によって標識された X 染色体のホモ接合体の雌バエと交配する．
② F_1 子孫の採取：およそ2週間後，羽化してきた F_1 雄は P 雌の X 染色体を受け継いでいるので標識遺伝子 *sc*, *v*, *f* の表現型を示す．一方，F_1 雌は P 世代の雌雄からそれぞれの X 染色体を受け継いだヘテロ接合体（*sc v f*/+ + + *bb*）なので，表現型は剛毛数，眼色，剛毛の形状のいずれについても野生型．この雌を1個体採取することは P 雄の精子の X 染色体を1つ採取することになる．
③ F_1 交配：採取した F_1 雌を飼育ビンに1個体ずつ入れ，そこで同胞の *sc v f* 雄と交配，産卵させる．数日後，ハエを飼育ビンから出す（後述の試験でも同様）．ビンの中には受精卵と幼虫が残る．
④ F_2 子孫の観察：およそ2週間後，各飼育ビンにおいて，羽化してきたハエの表現型を観察しつつ雌雄を別々に計数する．雄：雌の比が 1：2 であって，P 雄と同じ *bb* の表現型［断髪］を示す雄の不在が確認されると，劣性致死を検出したことになる．すなわち，［断髪］雄の不在は，その飼育ビンで卵を産んだ F_1 雌が劣性致死をヘテロ接合でもっていた証拠である．同じ飼育ビンの F_2 雌の半数は劣性致死のヘテロ接合体．

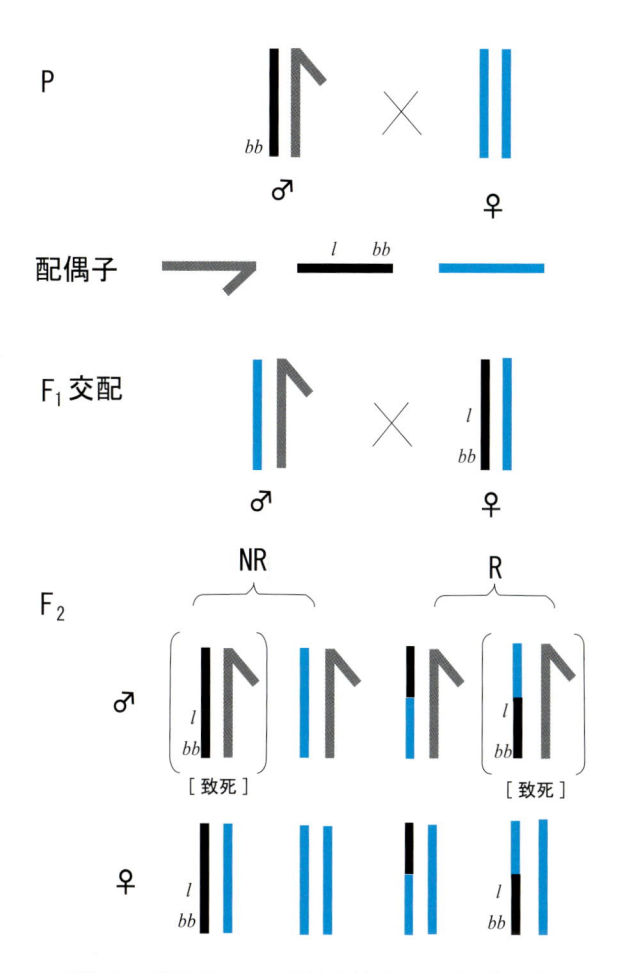

図 65 性比法による伴性劣性致死の (l) 検出法

図中，bb は［断髪］の遺伝子．灰色棒は Y 染色体．青棒は遺伝子 sc, v, f で標識されている X 染色体．NR：非組換え体．R：組換え体．

⑤ 頻度の算出：F_1 交配に供した雌の中で占める劣性致死のヘテロ接合体の割合として劣性致死の頻度を求める．

可視突然変異の検出　上記②の雌バエの中で，標識遺伝子 sc, v, f のいずれかの表現型を発現しているハエをみつけると，P 雄の精子の X 染色体に当該座位で自然発生していた可視突然変異を検出したことになる．別の不特定の座位で生じた可視突然変異は，④の段階で，F_2 雄を観察すると，検出できる（次に紹介する試験でも同様）．

組換えの検出　④で，連鎖地図上で $sc - v - f - bb$ と並ぶ標識遺伝子間の組換え体が検出できる．雌バエにおける組換え体の頻度は，連鎖地図から期待される組換え頻度と一致するが，劣性致死が生じていると，雄バエにおける頻度は必ずしも一致しない．期待頻度と一致しない標識遺伝子間に劣性致死の遺伝子をマップすることができる（方法はコラム参照）．

劣性致死頻度　⑤の頻度は「劣性致死をもっていた X 染色体の数」/「調べた X 染色体の数」と同義である．1 つの X 染色体に 2 つ以上の劣性致死が発生するのはきわめて稀なので，それは自然突然変異率（劣性致死の数 /X 染色体 / 世代）の測定値でもある（次に紹介する試験でも同様）．

4.1.2 *ClB* 法による伴性劣性致死の検出

自然突然変異の研究開始 2 年後，マラーは伴性遺伝子の組換えをおこさない雌をみつけた．この雌は，「交叉抑制因子」*C*，劣性致死 *l* および［棒状眼］の遺伝子 *B* を伴う X 染色体のヘテロ接合体であった．後に，この染色体は *ClB* と呼ばれるようになった．

ClB はペインター（1933）によって逆位であることが細胞学的に証明された染色体再配列である（3.6 節参照）．もちろん，当時のマラーは逆位であることは知らなかった．彼は，*ClB* と劣性致死のヘテロ接合体（*ClB /l*）雌バエの次世代では雄バエが全く出現しない点に着目して，劣性致死を効率よく検出する試験法（*ClB* 法）を開発した．

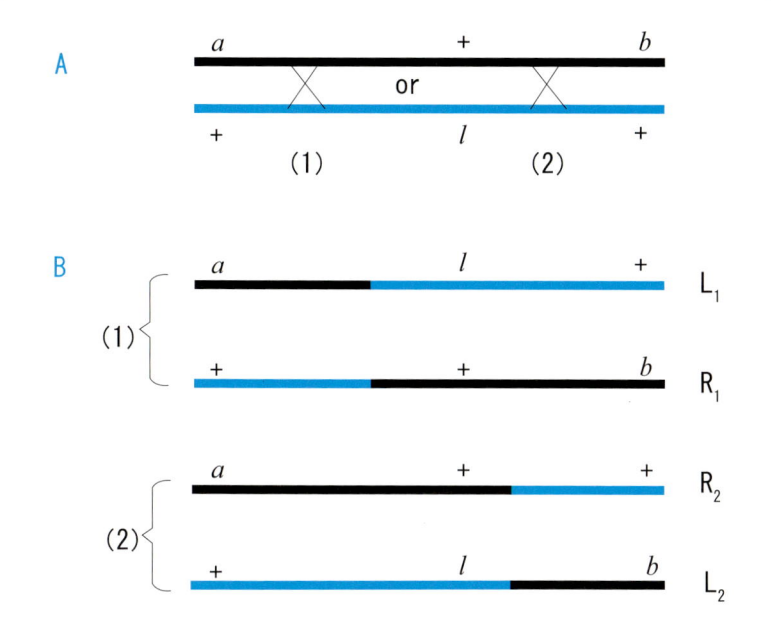

図66 伴性劣性致死の座位を決める方法（原理）

A. 遺伝子 a と b で標識されている X 染色体と劣性致死 l が生じた無標識の X 染色体のヘテロ接合体．＋，標識遺伝子あるいは l の野生型対立遺伝子．(1), (2), それぞれ l の左方あるいは右方の不特定部位でおこる組換え (×).

B. (1), 組換え (1) による2型の組換え X 染色体 (L_1 と R_1). (2), 組換え (2) による2型の組換え X 染色体 (L_2 と R_2). L は l をもつ組換え染色体．R は l をもたない組換え染色体．

マッピング法：これら4型の組換え染色体のそれぞれをもつ卵と Y 染色体をもつ精子の接合体のうち，L_1 と L_2 のヘミ接合体は致死なので，成虫期に達した雄バエの中で，R_1 と R_2 の頻度の合計値は遺伝子 a と b の間の地図距離から期待される頻度の $1/2$ になる．これが遺伝子 a と b の間で l が生じていた証拠になり，この劣性致死遺伝子 l の位置は出現した R_1 と R_2 の個体数の比から推定できる．例えば，遺伝子 $a\,b$ 間が10地図単位（組換え頻度10％）で，$R_1 : R_2 = 3 : 2$ の場合，劣性致死遺伝子 l は標識遺伝子 a の右方6地図単位の位置にマップできる．

142   第4章　自然突然変異と誘発突然変異

試験法　以下，図67 を参照して，実際に彼が行った ClB 法による試験の実施手順を説明しよう：

① P：眼を小さくする遺伝子 *sy*（*small eye*）で標識された X 染色体をもつ雄バエを，4つの遺伝子で標識されている X 染色体と ClB のヘテロ接合体（*sc v f bb* /ClB）と交配させる．

② F_1 子孫の採取：ClB のヘミ接合体は致死なので，約2週間後，成虫として出現する F_1 雄はすべて遺伝子 *sc, v, f, bb* の表現型を示す．この雄と F_1 雌の半数を占める［棒状眼］のハエを採取する．［棒状眼］雌は ClB 染色体と P 雄由来の *sy* 標識 X 染色体のヘテロ接合体である．この雌を1個体採取することは P 雄の精子の X 染色体を1つ採取することになる．

③ F_1 交配：採取した［棒状眼］F_1 雌を1個体ずつ飼育ビンに入れて，同胞の *sc v f bb* /Y 雄と交配，産卵させる．

④ F_2 子孫の観察：F_1 交配からおよそ2週間後，各飼育ビンにおいて，羽化してきたハエの中に雄バエがいるかどうかを調べる．調べている飼育ビンで産卵した F_1 雌が劣性致死のヘテロ接合体（ClB/*l*）であったら，彼女の息子の劣性致死のヘミ接合体（*l*/ Y）も ClB のヘミ接合体（ClB/Y）も致死なので，成虫雄の完全な不在は劣性致死を検出したことになる．同じ飼育ビンの非棒状眼の F_2 雌は検出された劣性致死のヘテロ接合体（*sc v f bb* / *l*）．

⑤ 頻度の算出：F_1 交配に供した［棒状眼］雌の中で占める F_2 雄の完全不在をもたらした F_1 雌の割合として劣性致死の頻度を求める．

劣性致死の採取　上記④の段階で，非棒状眼の F_2 雌を採取すると，検出された劣性致死を採取することになる．この雌を用いて劣性致死と座位が既知の遺伝子との間の組換えを調べると，それを連鎖地図上に位置づけることができる（141P. コラム参照）．

4.1 自然突然変異

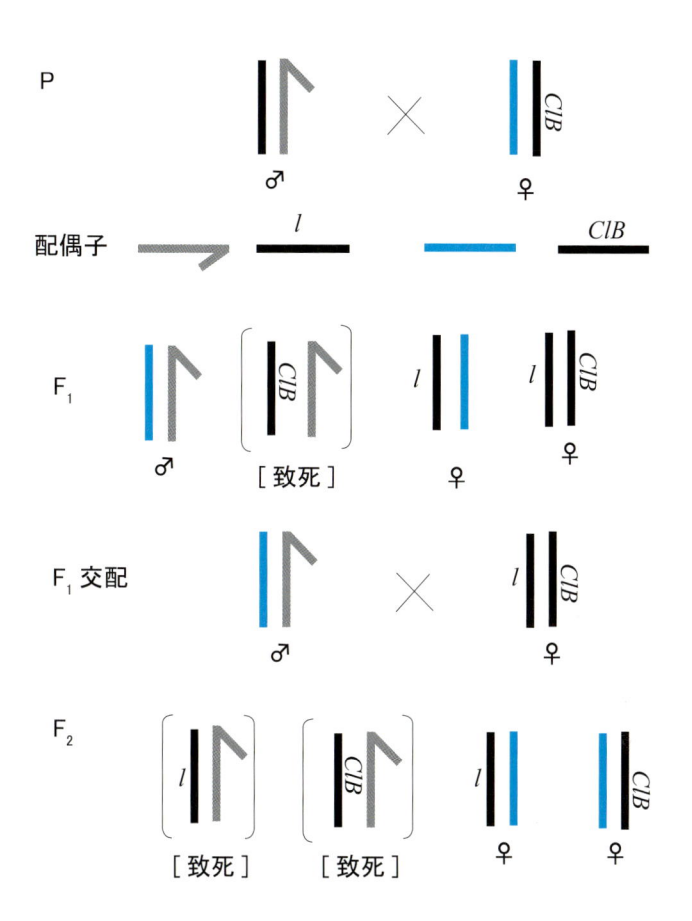

図 67 *ClB* 法による伴性劣性致死 (*l*) の検出

P ♂ の黒棒：遺伝子 *sy* で標識されている X 染色体．灰色棒：Y 染色体．P ♀ の青棒は遺伝子 *sc*, *v*, *f*, *bb* で標識されている正常 X 染色体．詳細は本文参照．

相補性　ところで，劣性致死をもつ X 染色体と *ClB* 染色体のヘテロ接合体はどうして致死ではないのだろうか？これはその劣性致死の遺伝子 *l* と *ClB* の「*l*」が同じ座位で生じた突然変異ではないからである．そのため，劣性致死が生じた X 染色体は「*l*」の野生型対立遺伝子をもっており，*ClB* 染色体は遺伝子 *l* の野生型対立遺伝子をもっている．すなわち，互いに欠けている遺伝子機能を補いあう（相補性がある）からヘテロ接合体は致死ではない．

変異原の発見　ここで紹介した *ClB* 法は，マラー（1927）による X 線の変異原性の証明（4.2 節参照）とアーバックとロブソン（1941）が化学変異原を発見した研究で使われた方法であるため，現在でも，多くの遺伝学書で紹介されている．

バスク法　しかし，この方法は現在では使われていない．現在使われているのは，1940 年代末に開発されたバスク（*Basc*）とかマラー 5 と呼ばれている逆位 X 染色体を使う方法（図 68）である．この染色体は，劣性致死をもたないのでホモ接合で系統維持ができ，棒状眼の遺伝子 *B* と眼色を劣性形質のアンズ色にする遺伝子 w^a（*white-apricot*）で標識されている．動物の生殖細胞で変異原性を示す化学物質の大部分が，バスク法による試験でみつかったものである．

4.1.3　第 2 染色体の劣性致死の検出

マラーの 1925 〜 1926 年の実験では，第 2 染色体の「交叉抑制因子」を利用する劣性致死の検出法が使用された．その「交叉抑制因子」は，優性形質の［曲がり翅］の突然変異 *Cy*（*Curly*）と劣性致死を伴う**逆位染色体**（以下，***Cy* 染色体**）であって，第 2 連鎖群の連鎖地図のほぼ全域にわたって組換えを抑制する優れた特性をもっていた．

原理　彼が用いた方法は「*Cy* 染色体と劣性致死のヘテロ接合体（*Cy/l*）の雌雄を交配すると，次世代では両親と同じヘテロ接合体（*Cy/l*）の［曲がり翅］の雌雄しか出現しない」現象を利用している．ここで，ヘテロ接合体を *Aa* とすると，この現象は，*Aa* 同士の交配の次世代で，ホモ接合体（*AA* と *aa*）は致死のため出現せず，ヘテロ接合体（*Aa*）のみが出現するという，分離の法則に従

(1) P　[丸・赤眼]♂ × [棒状・アンズ色眼]♀

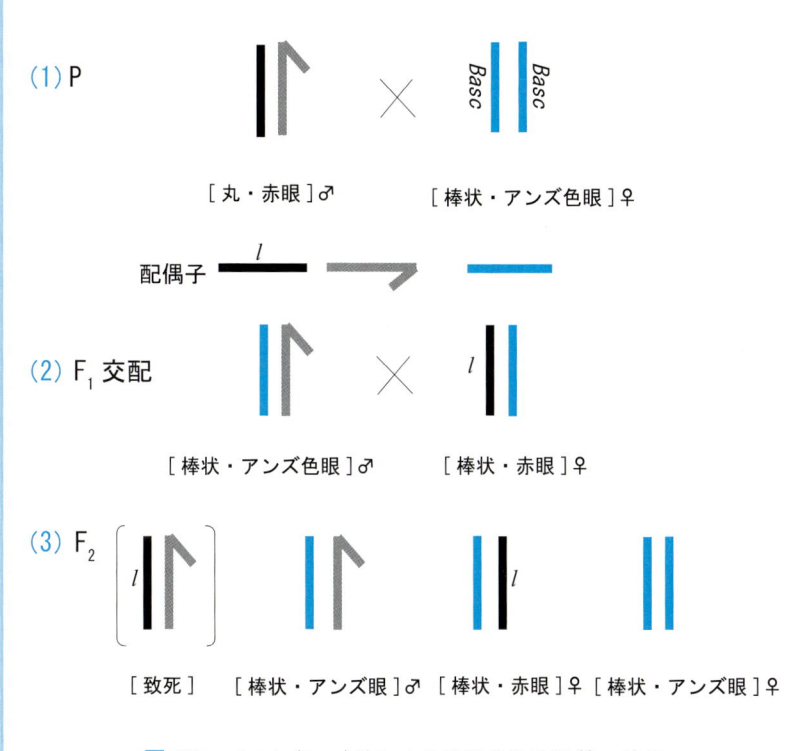

配偶子　l

(2) F$_1$ 交配　[棒状・アンズ色眼]♂ × [棒状・赤眼]♀

(3) F$_2$　[致死]　[棒状・アンズ眼]♂　[棒状・赤眼]♀　[棒状・アンズ眼]♀

図 68 バスク(*Basc*)法による伴性劣性致死(l)の検出

(1) 野生型雄バエ(左)と *Basc* 染色体(本文参照)のホモ接合体雌バエを交配．前者は野生型の［丸眼・赤眼］．後者は優性の［棒状眼］と劣性の［アンズ眼］を呈す．

(2) 雄バエはすべて *Basc* のヘミ接合体．表現型は P 雌と同じ．雌バエはすべて *Basc* と P 雄由来の X 染色体のヘテロ接合体．その証拠に眼色が野生型の［赤眼］．この雌を採取して，1個体ずつ飼育ビンにいれて同胞の雄バエと交配，産卵させる．

(3) 各飼育ビンで羽化してきたハエの中に P 雄と同じ野生型の雄バエがいるかどうか調べる．このような雄バエの不在を，そのビンで産卵した F$_1$ 雌バエが劣性致死(l)をヘテロ接合でもっていた証拠とする．

う，シンプルなものである．しかし，実際に彼が実験用に作成した *Cy* 染色体ヘテロ接合体は，ブリッジス (1923) が発見した転座のヘテロ接合体でもあるため，このハエの交配相手も特別に工夫された系統のハエを使わなければならないなど，使用法はシンプルでなかった．

***Cy/Pm* 系統**　比較的簡便に使用できる系統が，X 線誘発の ***Pm* 染色体** (マラー，1929) を使って作成された．それは，現在でも汎用されている *Cy/Pm* 系統である．この系統の *Pm* (*Plum*) は，第 2 連鎖群の連鎖地図のほぼ全域で組換えを抑制し，劣性致死を伴っており，茶色眼 (*brown*) 座位の V 型位置効果 (3.6.6 項参照) による優性形質の［茶褐色眼］をもたらす逆位染色体である．

試験法　マラーが実際に使った検出法と原理的に同じ *Cy/Pm* 系統を用いる劣性致死検出法 (**Cy-Pm 法**) による試験の実施手順を，最初の交配の世代をゼロ世代 (G_0) として説明しよう (図 69 参照)：

① G_0 交配：野生型系統の雄バエと *Cy/Pm* 系統の雌バエを交配する．
② G_1 子孫の採取：［曲がり翅］の雌雄と［茶褐色眼］の雌雄が出現する．［曲がり翅］雄バエを採取する．この雄バエを 1 個体採取することは P 雄の精子の第 2 染色体を 1 つ採取することになる．
③ G_1 交配：採取した雄バエを 1 個体ずつ飼育ビンにいれて，そこで *Cy/Pm* 系統の雌バエと交配，産卵させる．
④ G_2 子孫の採取：この世代のハエは P 雄の精子がもっていた 1 つの第 2 染色体由来の染色体を共有している．その半数を占める［曲がり翅］の雌雄を任意に採取する．
⑤ G_2 交配：採取した雌雄を交配する．この交配は個別交配でなくていい．
⑥ G_3 子孫の観察：すべてのハエが［曲がり翅］であったら，G_1 で採取した第 2 染色体は劣性致死をもっていたと判定する．

可視突然変異の検出　上記⑥で正常翅のハエが出現したら，それらは，G_1 で採取した第 2 染色体のホモ接合体である．その染色体が可視突然変異をもってい

4.1 自然突然変異

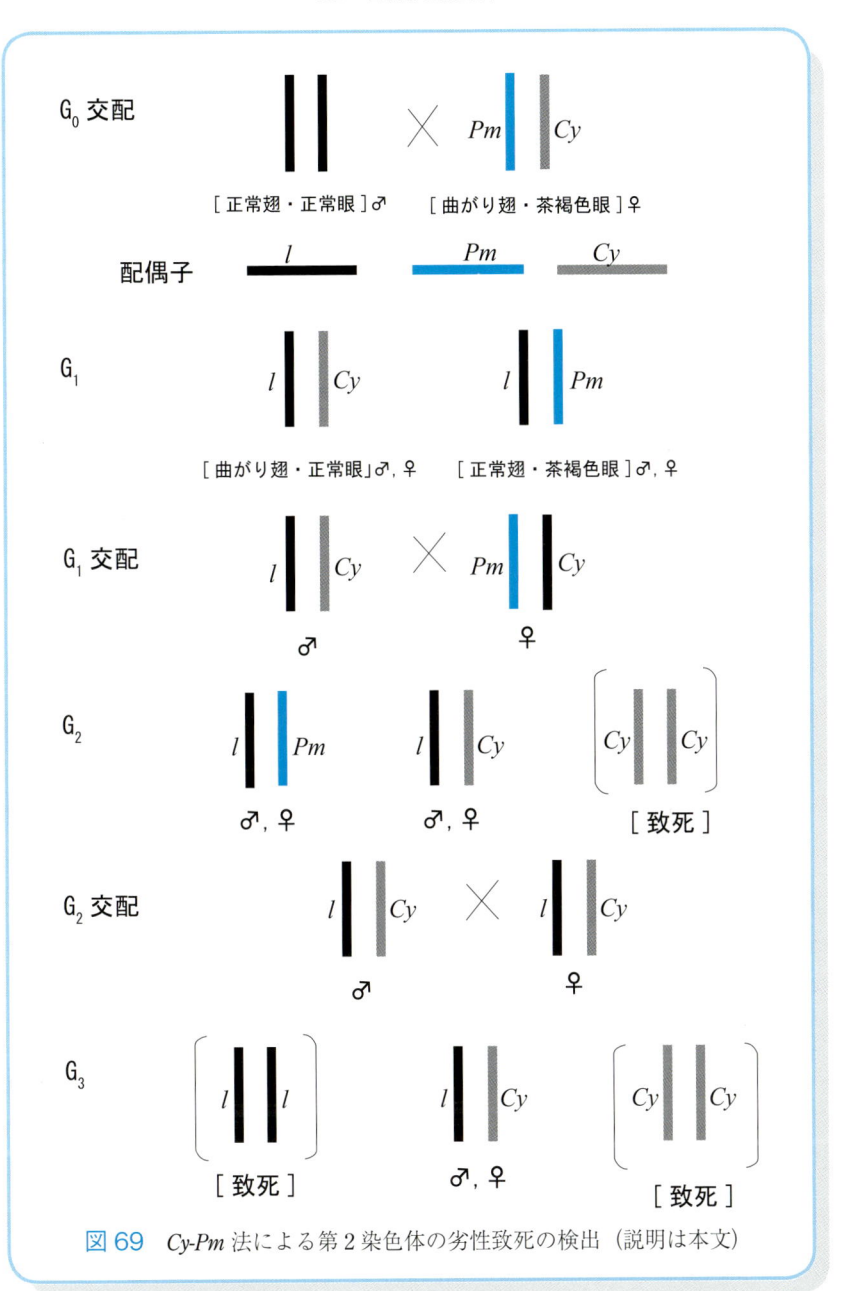

G_0 交配　　　　　　|| 　×　Pm | Cy

　　　　　　　　[正常翅・正常眼]♂　　　[曲がり翅・茶褐色眼]♀

配偶子　　　　l　　　　　Pm　　　　　Cy

G_1　　　　　　l | Cy　　　　l | Pm

　　　　　　[曲がり翅・正常眼]♂, ♀　　[正常翅・茶褐色眼]♂, ♀

G_1 交配　　　　　l | Cy　×　Pm | Cy
　　　　　　　　　　　♂　　　　　　♀

G_2　　　l | Pm　　　l | Cy　　　[Cy | Cy]
　　　　　　♂, ♀　　　　♂, ♀　　　　　[致死]

G_2 交配　　　　　　l | Cy　×　l | Cy
　　　　　　　　　　　♂　　　　　♀

G_3　　　[l | l]　　　l | Cy　　　[Cy | Cy]
　　　　　　[致死]　　　　♂, ♀　　　　　[致死]

図69　Cy-Pm 法による第2染色体の劣性致死の検出（説明は本文）

たら，すべてのハエがその表現型を発現する．

バランサー　⑥で採取した劣性致死のヘテロ接合体の雌雄の交配によって作成した系統では，検出された劣性致死は，自然淘汰されることなく，代々自動的にヘテロ接合で維持することができる（図70）．この系統の Cy 染色体のように，ホモ接合で生存や生殖に悪影響を及ぼす劣性の突然変異遺伝子を代々維持する染色体をバランサーという．通常この言葉は逆位染色体を指すが，相互転座もバランサーとして利用できる．この場合，雄から雄へと2型の転座染色体とヘテロ接合している2つの正常染色体をそっくりそのまま代々伝えることができる（原理は3.4.2項参照）．

平衡致死　バランサーを用いる劣性致死の自動的な継代維持は，自然集団における有害遺伝子の維持機構としてマラー（1917）が提唱した「平衡致死」を具現している．この言葉は，「劣性致死 l はヘテロ接合（$+/l$）である限り永続する」状態を指す．

4.1.4　自然突然変異の蓄積

　平衡致死になる条件を整えて，特定の染色体に自然発生した劣性致死を代々蓄積させていけば，充分な数の劣性致死に基づいて，突然変異率を推定することができる．このアイデアを実行に移した大規模実験が，マラー（1928）による自然突然変異研究の目玉である．

実験法　彼が行った第2染色体の劣性致死を蓄積する実験の原理を，図71 を参照して，以下説明しよう：

① この図の G_1 雄は前述の Cy-Pm 法による試験（図69）で劣性致死をもっていないことが G_3 で確認された第2染色体と Cy 染色体のヘテロ接合体である．この雄バエ1個体と Cy/Pm 雌バエの交配から蓄積実験が始まる．

② G_2 のハエはすべて G_1 雄の第2染色体を受け継いでいる．その中で1個体だけ［曲がり翅］の雄バエを採取して，Cy/Pm 雌バエと交配さ

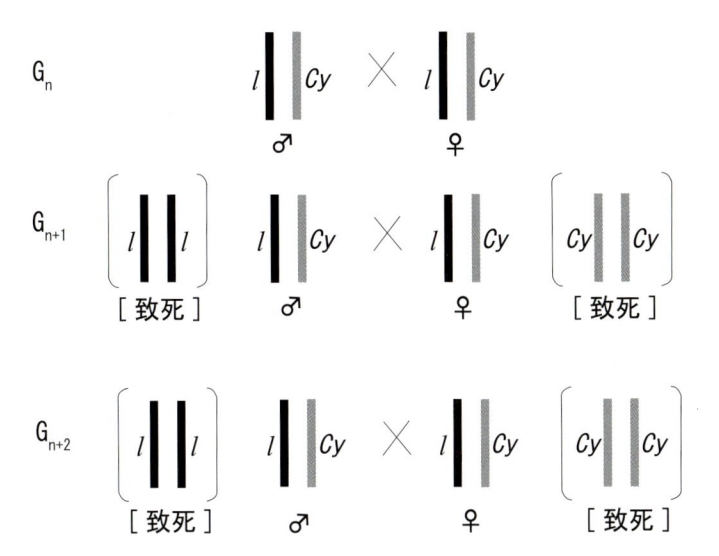

図 70 逆位染色体 *Cy* をバランサーとして利用する第 2 染色体の劣性致死遺伝子の自動的継代維持法（説明は本文）

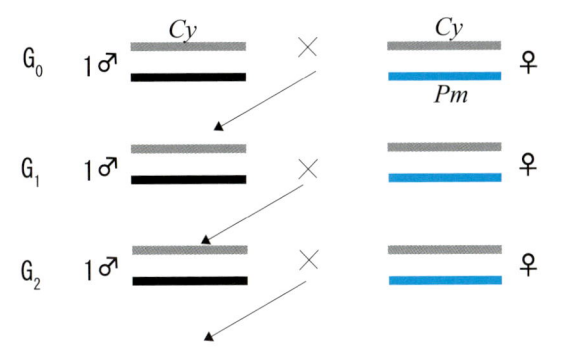

図 71 第 2 染色体への劣性致死の蓄積法（説明は本文）

せる．

③ 同じ交配を代々繰り返す．

ここで，毎代，雄を1個体だけ採取するのは，G_1雄の精子がもっていた第2染色体を1つだけ代々伝えることになる．この「1個体だけ」を守れば，次世代に染色体を伝えるのは［茶褐色眼］雄でもいいし，雌でもいい．ただし，雌の場合，採取した時にすでに交配していると使えない．雌バエは1回の交尾で300〜500，多い場合には1000個の卵を産むが，通常，一生に1回しか交配しないし，再交尾を拒否する．

突然変異率の推定 マラーは，1個体の雄に由来する第2染色体を代々伝える系統を多数作成して，低温（19℃）下と高温（28℃）下で18代飼育した．最終的に，定温飼育で381の染色体系統，高温飼育で349の染色体系統の劣性致死を検出する実験を行うことができた．その結果，低温飼育の系統で12，高温飼育の系統で31の劣性致死が検出され，次の計算から突然変異率が推定できた：

$$低温飼育： 12 \div 381 \div 18 = 1.7 \times 10^{-3} \text{（/ 染色体 / 世代）}$$
$$高温飼育： 31 \div 349 \div 18 = 4.9 \times 10^{-3} \text{（/ 染色体 / 世代）}.$$

彼は伴性の劣性致死の自然発生率に対する飼育温度の影響も調べている．この実験では多重標識された正常X染色体が「バランサー」として用いられた．この実験でも高温飼育の場合の突然変異率は低温飼育の場合の突然変異率よりも2〜3倍高い値であった（表9）．

4.1.5 劣性致死の性質

上記のように，マラーは異なる飼育温度下で突然変異率の測定に成功した．この成功によって，次の3点が明らかになった：

表9 高温（27℃）と低温（19℃）の飼育条件下で劣性致死を指標にして求めた突然変異率（マラー，1928 より）

	突然変異率（/ 染色体 / 世代）		相対比
	高温	低温	(「高」/「低」)
X 染色体 [a]	12.6×10^{-3}	5.6×10^{-3}	2.3
第 2 染色体 [b]	4.9×10^{-3}	1.7×10^{-3}	2.9
第 2 染色体 [c]	5.9×10^{-3}	2.8×10^{-3}	2.1

[a] 多重標識 X 染色体を「バランサー」として使用した実験での測定値．マラーも論議しているが，ここで得られた 2 つの値はいずれも 25℃ 前後の室温下で *ClB* 法によって求めた値（1.0×10^{-3}）より顕著に高い．しかし，原因は不明．
[b] *Cy* 染色体をバランサーとして用いて行った実験で得られた値（本文参照）．
[c] 別の逆位第 2 染色体をバランサーとして用いて行った実験の結果．

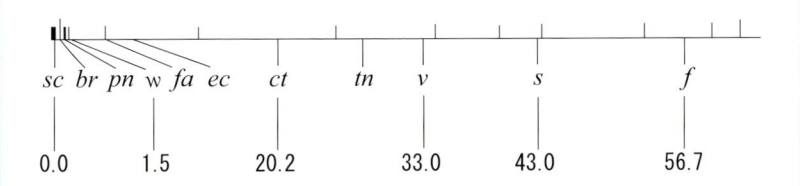

```
sc br pn w fa ec    ct        tn      v        s           f
0.0   1.5    20.2      33.0    43.0       56.7
```

図 72　第 1 連鎖群の連鎖地図における自然発生の劣性致死遺伝子の分布（マラー，1928 を改写）

この連鎖地図の上側が劣性致死遺伝子の位置．同じ座位に 2 つの遺伝子がマップされたケースは縦棒を重ねて示している．地図の下側は既知の可視突然変異遺伝子の座位．数字はそれぞれの座位の地図単位．

① 自然に突然変異をおこして劣性致死に変わる遺伝子の座位は連鎖地図上で広く分布している (図72).
② 劣性致死に変わる遺伝子の数は可視突然変異に変わる遺伝子よりもはるかに多い.
③ 突然変異率は温度が 8℃ 高くなると 2〜3 倍高くなる.

普通の突然変異　上記①は検出した劣性致死と既知の遺伝子との間の組換え頻度を調べて, その遺伝子を連鎖地図上に位置づけた結果明らかになった (図72). ②は自然発生の可視突然変異の出現頻度は劣性致死の頻度と比べて顕著に低かった事実に基づいている.

これらの結果と連鎖地図上で劣性致死遺伝子と可視突然変異遺伝子の分布がほぼ一致した事実に基づいて, マラーは「劣性致死は普通の突然変異である」と結論した. 伴性致死がハエの突然変異を代表するタイプの突然変異であるという結論である. ちなみに, 1980年代に行われた研究で, X染色体の遺伝子の 60〜80% が突然変異によって劣性致死に変わると推定されている.

突然変異率の変更　上記③は環境要因の変動による突然変異率の変動を証明している. 彼によれば, 観察された温度効果は, 自然突然変異は遺伝子の化学的変化によっておきている証拠である. この証拠は, 1922年に彼が発表した遺伝子の複製と本性に関する理論的考察「遺伝子は自己触媒によって複製する化学物質である」を支持する. ここで,「自己触媒」を「DNA の半保存的複製」に替えれば, メセルソンとスタール (1958) の証明になる.

4.2　誘発突然変異

1926年, マラーは X 線による伴性の劣性致死と可視突然変異の誘発実験を開始し, 翌年, 前述したように突然変異誘発の成功を論文発表した. この論文には実験データも X 線の照射条件もほとんど示されずに, 研究成果の要約と考察が 4 ページに記されていた. 彼の詳しい実験内容と研究成果は, 同年の第 3 回国際遺伝学会議で口頭発表され, 翌年 (1928), 会議の報告集で 26 ペー

電離放射線

奇妙な論文タイトル 突然変異の英語 mutation はミューテーションと読む．ところが，マラー(1927)の論文のタイトルは「遺伝子の人為トランスミューテーション」であった．トランスミューテーションは元素が放射線を放出して別の元素に変換する現象を指す物理学用語である．この現象は，1908年のノーベル化学賞受賞者ラザフォード(1902)が発見したもので，彼は元素変換を人為的におこす実験にも成功している(1919)．マラーは放射線による遺伝子の突然変異が元素の人為変換と類似したメカニズムでおきていると考えた．

電離 彼によると，放射線にあたった遺伝子内の原子1個で生じた電離に始まる一連の連鎖反応の結果突然変異が生ずる．「電離」とは，放射線が生体を構成している分子 (M) をラジカル陽イオンと電子 (e^-) に分離させる作用を意味する．一般式で $M \rightarrow M^+ + e^-$ と表される作用である．

なお，本書では，「放射線」という言葉を，電離作用を有する放射線（電離放射線）に限定して用いている．具体的には X 線やガンマ線である．

間接作用 現在の理解では，放射線の作用を最も受けやすい分子は，細胞成分の約80%を占める水である．この分子の酸素原子が電離してできる水のラジカルイオンは反応性が高く，多段階の反応を経て，水酸ラジカルを生成する．このラジカルは強力な酸化剤であって，DNAにアタックして，その分子の一部を水酸化あるいは脱水素して DNA 塩基の酸化損傷，DNA の単鎖切断あるいは二重鎖切断をもたらす．これを間接作用という．重要なことは，水酸ラジカルは，放射線にあたらなくても，絶えずミトコンドリア内で生じているもので，放射線に特有な毒物ではないことである．

直接作用 間接作用の対語である直接作用は，放射線が直接 DNA 分子の一部に電離作用をおよぼして，上記の DNA 損傷を誘発する作用をいう．マラーが考えた突然変異生成に導く遺伝子内の電離はこの直接作用に相当するが，実際は X 線やガンマ線の生物効果の大部分は間接作用によるものである．

ちなみに，突然変異誘発における間接作用の相対的な重要性を示唆する最初の証拠は，オオムギの乾燥種子と浸水種子の照射実験を行ったスタドラー(1928)の研究で得られている．

ジの論文で発表された．

4.2.1　突然変異の高頻度誘発

伴性劣性致死の誘発　最初のX線照射実験では性比法，2回目の実験では *ClB* 法が用いられた．2回の実験の照射群で得られた突然変異体の総数は，1910〜1926年の間にハエでみつかった自然発生の突然変異体の総数に匹敵するほど多数であった．2回の実験の劣性致死頻度の集計をみてみよう：

対照群：　　　　　　　　　0.1%　（5/6016）．
24分間のX線照射群：　　 8.0%　（59/741）．
48分間のX線照射群：　　12.1%　（143/1177）．

ここで，括弧内は「劣性致死をもっていたX染色体の数」/「調べたX染色体の数」を示す．また，対照群とは，X線を照射しなかったハエの実験群のことで，そこでの頻度0.1%は自然発生した劣性致死の頻度である．照射群でも自然発生しているので，照射群での劣性致死頻度からこの頻度を引くと，誘発された劣性致死の頻度（誘発頻度）となる．

強力な変異原　X線の威力を表すには，マラーが行ったように，対照群における劣性致死頻度に対する照射群における頻度の相対値を使う方がわかりやすい．上記の48分間照射の場合，121（= 12.1/0.1）という高値になる．

優性致死突然変異の誘発　彼の照射実験において，X線処理を受けた雄バエと交配した雌バエが産んだ卵の中で孵化しないものが高頻度で認められた．これらの卵は精子で誘発された染色体異常が原因で死に致った胚である．彼は，その原因となった異常を「優性致死突然変異」と呼んだ．これは生殖細胞における放射線誘発の染色体異常の指標として，第2染色体と第3染色体の間の相互転座とともにハエの照射実験でよく使われるようになった．

可視突然変異の誘発　X線による突然変異誘発実験の最後は可視突然変異の検出実験であった．この実験では，X線照射を受けた雄バエを$\overline{XXY}$雌と交配し

4.2 誘発突然変異

線量の単位　本文で紹介しているマラー（1927, 1928）の論文にはハエに照射したX線の線量を示していないが，1930年代になると，空気1 cm^3（0.001239 g）あたり$2×10^9$個のイオン対をつくる量を1 r（レントゲン）とする「照射線量」が突然変異の誘発実験で線量単位として広く使用されるようになった．現在，使われている放射線の線量単位は，1 Gy（グレイ）= 1 J（ジュール）/kg とする「**吸収線量**」である．体重60 mgの昆虫でも60 kgのヒトでも，体を構成する物質の質量1 kgあたり1 J相当の放射線のエネルギーを吸収すると線量は1 Gyになるという単位である．別の表現をすると，地上の全生物が等しく全身被曝している**自然放射線**の1000年分がおよそ1 Gyである．なお，本書では，100 r ≒ 1 Gyによって，当時の照射線量を吸収線量に換算して，記述している．

ハエは放射線に強い　被曝した生物の50%を一定期間中に殺す放射線の量を**半致死線量**（LD$_{50}$）という．ヒトの場合，広島・長崎の被爆者の調査結果に基づいてLD$_{50}$ = 4〜5 Gyと推定されている．これは1ヶ月以内の死亡に基づく値である．一方，ショウジョウバエの成虫の1週間以内の死亡に基づくLD$_{50}$は1500 Gyである．このように高いLD$_{50}$値が「地球規模の全面核戦争が勃発すると，人類は滅亡して，地上に残るのは昆虫だけ」といわれているゆえんである．

　ハエが放射線に強い主な理由は2つある．その1つは体が小さいということである．これは，散弾銃が発射した弾（放射線）は的（生物）が小さい程当たりにくいという例えで説明できる．もう1つは，「非分裂組織は放射線に強い」という放射線生物学の経験則で説明できる．ハエの体を構成している細胞は，一部を除いて，分裂増殖能をもっていない．血液細胞は2種類知られているが，それらは胚期と幼虫期につくられたもので，成虫は造血器官をもっていない．

　除かれた「一部」は，1週間周期で更新されている中腸上皮組織の細胞新生を担っている多能性幹細胞とその子孫細胞である．しかし，この細胞新生系の放射線感受性は知られていない．

て，可視突然変異のみを F_1 の雄バエで検出した．その結果，次記のように，可視突然変異の誘発に関しても，X線の強力な変異原性が認められた：

24 分間の照射群：　　　　4.1%　（61 / 1490）．
48 分間の照射群：　　　　7.9%　（86 / 1150）．

ここで，括弧内は「検出された突然変異体の数」/「調べた X 染色体の数」を示す．また，「突然変異体の数」には再配列を伴う突然変異体（後述）が多く含まれていた．

付着 X 染色体法　上記の $\widehat{XXY}$ 雌は遺伝子 *sc, v, f, bb* で標識された X 染色体をもつ雄バエをパートナーとして維持されていた系統のハエである．この系統では雌は常に $\widehat{XX}$ を標識している黄体色遺伝子 *y* の表現型［黄体色］，雄は常に野生型体色と *sc, v, f, bb* の表現型を呈している（遺伝様式は 2.1 節参照）．

　マラーの実験において，X 線照射を受けた雄バエの X 染色体は，眼を小さくする遺伝子 *sy* で標識されていた．照射後，これらの雄を $\widehat{XXY}$ 雌と交配して得た F_1 の［小眼］雄を観察して，上述したように，多くの可視突然変異体が得られた．その中で，染色体再配列を伴っていたものは，X 線の再配列誘発効果を証明した．一部の突然変異体は，既知の座位で新たな突然変異を誘発する証拠となった．

4.2.2　線量と線量強度の効果

　放射線が生物に与えたエネルギーを線量（コラム参照），線量依存性によって示される放射線の効果を線量効果，線量の増加とその生物効果の増加の関係を線量効果関係という．

直線的な線量効果関係　スタドラー（1928）はオオムギの可視突然変異の頻度は X 線の線量に直線的に比例して増加すると報告した．直線比例とは線量を 2 倍すると誘発される突然変異の頻度も 2 倍になるような線量効果関係を意味する．一方，マラー（1928）は，前述のデータを，劣性致死の誘発頻度は線量

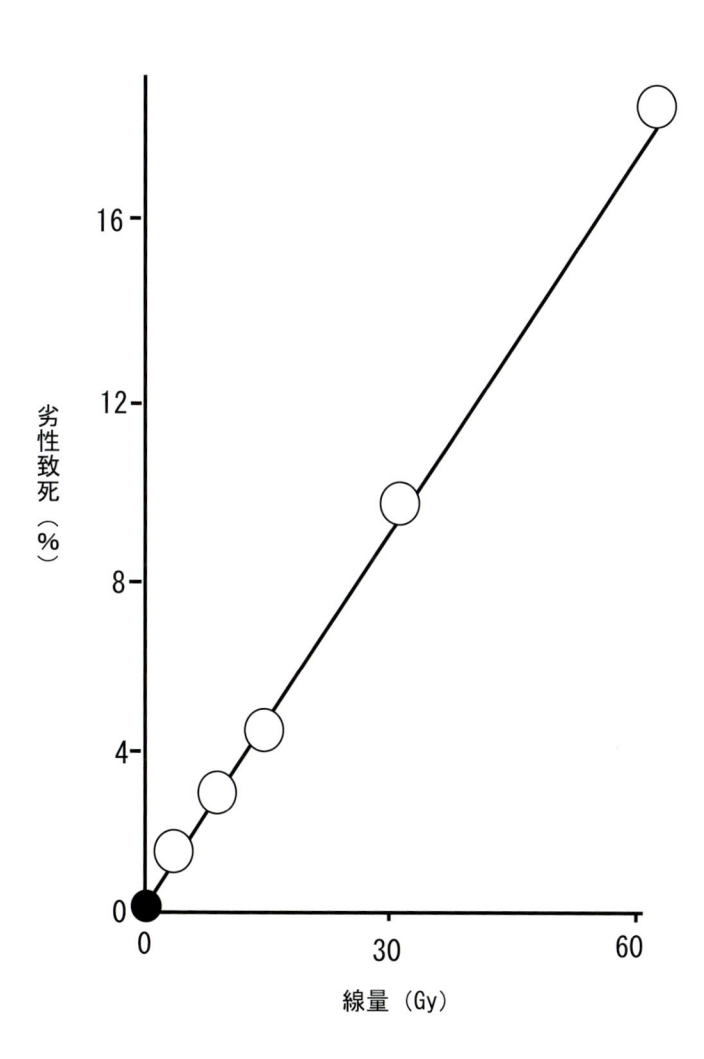

図 73 X線の線量と伴性劣性致死頻度の関係（オリバー，1932 より作図）
図中，●と○はそれぞれ対照群と照射群の頻度

の (½) 乗に比例して増加している証拠であると説明した.

しかし,この説明は一般則として成立しないことが,ハンソン (1929) の研究で明らかになった. 彼はガンマ線の線量を電離箱と呼ばれている装置を使って測定し,測定値が2倍になると,精子処理で誘発される劣性致死の頻度も2倍になることを明らかにした. この実験では,照射時間は一定にして,1分間あたりの線量 (線量率) を変えてハエが処理された.

マラーの学生オリバー (1930, 1932) はX線照射実験を行って,ハンソンが報告した線量と劣性致死の誘発頻度の間の正比例関係を確認した (図73). 彼の実験では,1分間あたりの線量 (線量率) を一定にして照射時間を変えてハエが処理された. さらにチモフェーエフ・レソフスキーたち (1935) も,X線の精子処理で誘発された劣性致死頻度と線量の正比例関係を確認した.

線量率・非依存性(1) チモフェーエフ・レソフスキー (1939) は,線量率を変えて照射しても,分割して照射しても総線量が同じならば,同じ頻度で劣性致死が誘発されることもガンマ線照射実験において明らかにしている. この実験の照射方法と得られた誘発頻度 f は下記の通り:

① 1分あたり 2.4 Gy (= 2.4 Gy/分) の線量率で 15分間照射:f = 10.9 %.
② 0.1 Gy/分の線量率で 360分間照射:f = 11.4 %.
③ 1日1回 6 Gy を 6回反復照射:f = 11.0 %.

ここで,実験③の1回の照射は線量率 1.2 Gy/分で5分間. また,実験①〜③の間で共通しているのはハエに与えた総線量 36 Gy である.

線量率・非依存性(2) 染色体再配列の誘発について低線量率照射と分割照射の影響を最も徹底的に調べたのはマラー (1940) である. 彼は,第2染色体と第3染色体の間の相互転座の誘発頻度に照射時の温度 (5〜37℃) もX線とガンマ線の波長の違いも影響しないことを確認した後,ある実験では,交配済みの雌バエに対して,高線量率X線 (2.5 Gy/分) を8分間照射した群と8℃の低温条件下で,同じ総線量 20 Gy のガンマ線を線量率 5×10^{-4} Gy/分で約28日間

4.2 誘発突然変異

突然変異の誘発機構と線量効果関係　1924年,「細胞は全体で一様に放射線の影響をうけるのではなくて, 一定の大きさ (体積) の標的をもっていて, そこが放射線の局所エネルギーによって破壊されると生物効果が現れる」という理論がクローザーによって提唱された. 後にリー (1945) によって体系づけられた**標的論**である.

標的論を応用して, 放射線の局所エネルギーを散弾銃が発射した弾に例えると, 本文で紹介した研究で明らかにされた致死突然変異誘発の直線的線量効果関係は, 多数の弾の中の1つが偶然ヒットした標的 (遺伝子) 内に生じた1個の事象 (損傷) が突然変異の原因であることを示す.

1ヒット型突然変異　そこで, 自然発生頻度をC, 線量をD, 比例係数をaとすると, 1ヒット型の突然変異の頻度Fは近似的に次式に従う:

$$F = C + a D. \qquad 式(1)$$

2ヒット型突然変異　染色体の2箇所で独立に誘発された2つの切断から1つの突然変異が形成される場合, この2ヒット型突然変異の頻度Fと線量Dに関係は, 係数をβとして, 次に示す理論式に従うはずである:

$$F = C + \beta D^2. \qquad 式(2)$$

「2/3乗」則　ところが, ハエの精子処理で誘発される転座, 逆位, 大きな欠失の頻度は線量の2/3乗に比例して増加した (マラー, 1940).

直線・二次モデル　リーとキャッチサイド (1942) が研究したムラサキツユクサにおいても, リング染色体と二動原体染色体の誘発について同様な線量効果関係が認められ, 彼らは, この「2/3乗」則を理論化して, 直線・二次モデルと今日呼ばれている次式を提唱した:

$$F = C + a D + \beta D^2. \qquad 式(3)$$

この式中, 一次の項は2つの染色体切断が1ヒットで同時に誘発されることを示す. 1ヒット型再配列の寄与は, 後に, ハエの精子や卵母細胞処理による転座の誘発頻度を調べた研究において, 低線量域におけるほぼ直線的な線量効果関係として認められている.

線量率効果　ここで示した式を用いると, 高線量率照射で式(2)あるいは式(3)に従う線量効果関係のβ値が線量率を下げるとゼロに近づく現象が線量率効果である.

連続照射した群を設けた．別の実験では，同様な条件下で，総線量 15 Gy の X 線の一括照射群と 1 週間間隔の 4 分割照射群を設けた．

　これらの実験では，雌バエを照射して，子宮に付属している袋状の器官に貯えられている精子が処理された．照射期間中，低温のため産卵できなかった雌バエは，照射終了後，室温下で産卵し，得られた雄バエのなかで転座のヘテロ接合体が遺伝学的方法で検出された（原理は 3.4.2 項参照）．実験結果は転座の誘発頻度に線量率も照射回数も影響しないことを証明した．

「原則」　こうして，1930 年代末までに，「放射線による突然変異の誘発頻度は総線量のみに依存し，線量率や照射回数には依存しない」という放射線遺伝学の「原則」が確立した．ところが，1958 年，**マウス**の精原細胞における特定座位突然変異の誘発におよぼす線量率効果が報告された（コラム参照）．

精子の特殊性　かといって，以上紹介した研究成果が誤りであったというわけではない．ハエや他の動物種の精子の照射で誘発される突然変異に関しては現在でも正しい．上述のマラー（1940）の研究が明らかにしたことだが，精子で誘発された染色体切断は受精時までそのまま残り，受精後，修復されるか染色体再配列の形成に到るのである．

線量率効果の機構　現在の理解では，線量率効果や分割照射の効果が認められるのは，独立に誘発された 2 つの染色体切断端部の再結合が誘発直後におこる細胞である．このような細胞では，2 つの切断が同時に誘発されるチャンスが比較的低い低線量率照射や分割照射の方で，高線量率照射や一括照射の場合よりも，比較的低い頻度で突然変異が誘発される．

4.2.3　遺伝子突然変異の本性

　マラー（1927, 1928）は，X 線照射群で検出された劣性致死と可視突然変異の連鎖地図上の位置を次々と決めていった．その中には座位を決めることができない突然変異も少なからず含まれていた．遺伝学的検討をさらに加えたところ，それらは転座，逆位，欠失などの染色体再配列を伴っていた．

「真の遺伝子突然変異」　彼は染色体再配列を伴わない突然変異を遺伝子の質的

突然変異誘発に関する線量率効果

ラッセルの研究　1958年,「マウスの精原幹細胞において特定座位で誘発される遺伝子突然変異の頻度はガンマ線の線量率を下げると著しく低下する」というオークリッジ国立研究所のラッセルの報告によって「線量率・非依存性」の原則(本文参照)が破綻した.

マラーたちの研究　当時, インディアナ大学にいたマラーは, 早速, ショウジョウバエの**生殖幹細胞**(卵母細胞を再生産している幹細胞)における伴性劣性致死の誘発に及ぼす線量率効果を調べる実験を開始した. 同時期, 欧米の他の研究グループは精原細胞において誘発される伴性劣性致死や第2染色体の劣性致死の検出実験を行った. いずれの研究でも, 結果は「線量率・非依存性」を再確認するものであった. 後に, マラー(1965)は, 彼の研究室で行われた実験を総括して,「ハエでは遺伝子突然変異誘発に対する線量率効果は認められない」と結論した.

染色体再配列と線量率効果　マラーの研究室で行われた別の実験では, 雌バエに与える放射線の線量率を下げると, **未熟卵母細胞**で誘発される染色分体交換に起因する不分離突然変異体の出現頻度が著減する現象が発見されている(1963). 以降1980年代初頭まで, ハエの未熟卵母細胞の照射実験において, 優性致死突然変異, **染色体消失**, および大きな欠失を伴う可視突然変異の誘発に対する線量率効果が確認されている.

　この間, アカパンカビの研究(1967)において, 高線量率照射によって *ad-3* 座位で誘発される突然変異は2つ以上の座位にわたる大きな欠失を含むが, 低線量率照射による誘発突然変異のほとんど全ては座位内に生じた小さな変化であることが明らかにされている. また, ラッセル(1958)が発見した線量率効果は, 2ヒット型の突然変異の誘発に対する効果で説明できるという再評価が報告されている(1976).

ラッセルの研究(続)　そのラッセルの研究は1982年まで行われ, 放射線の線量率をいくら下げても, 突然変異の誘発頻度は, 高線量率照射の場合の1/3レベルまでしか低下しないことが明らかになった. これは, 精原幹細胞における突然変異の放射線誘発には, これ以下だと無効であるという線量(閾値)がないことを証明したものである. 精原幹細胞で生じた突然変異は個体が生殖年齢にある限り次世代に伝わるので, 彼の実験データは放射線の遺伝的影響を考える上で貴重な基礎資料となっている.

変化による「真の遺伝子突然変異」と定義して，放射線は染色体再配列を伴う突然変異と「真の遺伝子突然変異」の2種類の突然変異を誘発すると主張した．1930年代後半，放射線誘発の劣性致死の60〜70%が唾腺染色体のバンドの数や太さの変化を伴っていないことがわかり，彼の主張を支持する遺伝学的証拠に細胞学的証拠が加わった．

ハエとトウモロコシ　一方，スタドラーの指導のもとで行ったマクリントック（1931）のX線照射実験において，トウモロコシの花粉で誘発された劣性の可視突然変異のいずれも野生型遺伝子の欠失であった．以来，放射線誘発の遺伝子突然変異の本性に関して，「すべて再配列を伴う」と主張するスタドラーたちと「真の遺伝子突然変異も誘発する」と主張するマラーたちは対立した．この対立は，1970年代まで多くの研究を促進し，ハエの研究においても，それぞれの主張を支持する遺伝学的証拠が蓄積した．しかし，遺伝学の範囲内で決着がつく問題ではなかった．

分子生物学的本性　1980年代になると，放射線誘発の突然変異遺伝子の分子構造が次々と明らかにされ，それらの大部分は大小さまざまな欠失を伴っていることが明らかになった(表10)．結局，放射線誘発の遺伝子突然変異と染色体再配列の境界は明瞭なものではなく，分子レベルで解析しないと検出できない小さな再配列から顕微鏡下で検出できる大きな再配列まで連続していたのである．また，放射線によって誘発されるさまざまなDNA損傷の中で染色体再配列と遺伝子突然変異を含む生物効果の主因はDNA二重鎖切断（DSB）であることが広く認められるようになってきた．

有用性の限界　こうして，マラー（1927）以来，多くの生物種の実験系において，タンパク質の構造や機能の変化をもたらす遺伝子突然変異の誘発に放射線が役にたたなかった歴史的事実が説明できるようになった．この目的には過去から現在まで一貫して化学変異原が有用であった（コラム参照）．放射線で一貫している有用性は，研究目的に即した染色体再配列の誘発である．

DSB修復と突然変異生成　現在の理解では，放射線誘発のDSBは①「相同組換え」経路あるいは②「非相同末端再結合」経路で修復される．①は完璧に元

> **化学変異原と「真の遺伝子突然変異」**
>
> 　1938年，エジンバラ大学動物遺伝学研究所のアーバックは，同所に短期滞在していたマラーの勧めに従って，化学物質の変異原性の研究を開始した．3年後，彼女とロブソンは，ドイツ軍が開発して実際に使用した毒ガス「芥子ガス」(**ナイトロジェンマスタード**)がハエの精子において強力な劣性致死の誘発作用をもつことを発見した．それは転座と優性致死の誘発にも X 線と同様に強い効果を示した．彼らの発見は，第二次大戦後の1946年に公表が許可された．
>
> 　その後10年間で，*ClB* 法に換わる *Basc* 法を用いるハエの試験や他の生物種の研究で次々と化学変異原がみつかり，その中に，ハエの精子において転座や優性致死の誘発には無効であるが伴性劣性致死の誘発には顕著な効果を示すものが含まれていた．それらは，DNA の塩基置換を誘発する**塩基損傷剤**であった．こうして，遺伝学者は，研究目的に合った突然変異体を意のままに誘発して利用することができるようになった．ハエの突然変異誘発では，アルキル化剤の一種エチルメタンスルフォネートが現在まで繁用されている．
>
> **表10** 自然発生と X 線誘発の可視突然変異遺伝子の分子性状
>
> | 座位 | 起源 | 分子レベルの変化 | | |
> |---|---|---|---|---|
> | | | 挿入[d] | 欠失 | その他[e] |
> | *bithorax*[a] | 自然 | 8 | 0 | 0 |
> | | X 線照射群 | 1 | 6 | 0 |
> | *scute*[b] | 自然 | 2 | 0 | 0 |
> | | X 線照射群 | 0 | 3 | 0 |
> | *white*[c] | 自然 | 8 | 1 | 4 |
> | | X 線照射群 | 0 | 3 | 2 |
>
> a), b), c) それぞれベンダー他(1983)，キャラモリーノ他(1982)，ザッカー他(1982)より． d) トランスポゾン挿入，e) 5塩基対以下の変化．

通りの DNA に治す経路で，突然変異は切断端の分解過程と独立に生じた切断端の再結合を含む②の経路を経て生成される．

4.3 逆位ヘテロ接合体

1928 年に 2 編の歴史的論文で発表されたマラーの研究は，前節で紹介したように，劣性致死の検出と系統維持における逆位染色体の有用性を証明したものでもある．以後，放射線誘発の染色体逆位を利用して新たなバランサーが次々と作成，利用されて，バランサーはショウジョウバエの遺伝研究を特徴付けるツールになった．ところが，他の生物種では，**センチュウ**を除いて，バランサーの開発に成功していない．逆位は普通の染色体再配列である．

何故，ハエで成功したのか？ 本節では，1926〜1935 年までの関連研究にこの疑問の答えを探してみよう．

4.3.1 逆位の遺伝学的証明

「交叉抑制因子」は逆位であることを遺伝学的に証明して，その組換え抑制機構を説明する仮説を提唱したのはスターテヴァント (1926) である．彼が研究した「交叉抑制因子」は，第 3 連鎖群の C_{IIIB} と呼ばれている因子で，連鎖地図上でセントロメアの右側にある．染色体では右腕にある．

交配実験 I　第 3 染色体の右腕を 1 つの染色体に擬えて，彼が実験に用いた C_{IIIB} 因子をもつ染色体 I と正常染色体 N のヘテロ接合体 (N/I) を，図 74A に示している．図中，N を標識していた遺伝子を a, b, c として，C_{IIIB} 因子によって組換えが抑制される領域内に遺伝子 b と c を位置づけている．このヘテロ接合体の雌バエと標識遺伝子の三重ホモ接合体の雄バエの交配から得た次世代のハエ 4738 個体中，①遺伝子 b と c の間の単組換え体は全く出現しなかったが，②遺伝子 b と c の表現型を発現している二重組換え体が 1 個体出現した．

交配実験 II　実験 I で得られた二重組換え体の交配実験から，組換わった遺伝子 b と c は C_{IIIB} に連鎖していることがわかった．さらに交配実験を行って，

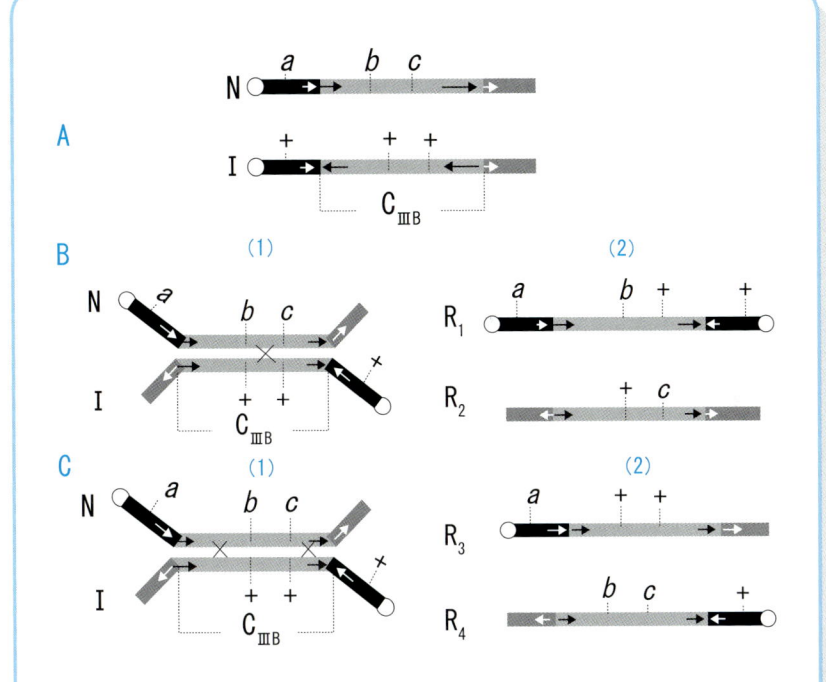

図74 「交叉抑制因子」＝逆位を証明したスターテヴァント（1927）の研究

A. 遺伝子 a, b, c で標識された正常第3染色体 (N) と「交叉抑制因子」$C_{ⅢB}$ をもつ第3染色体 (I) のヘテロ接合体．染色体の黒はセントロメアに近位の領域，薄い灰色は $C_{ⅢB}$ によって組換えが抑制される領域，灰色はセントロメアから遠位の領域を示す．染色体中の矢印は3つの領域が互いに正方向に並んでいるか逆向きになって並んでいるかを示す．

B. (1) $C_{ⅢB}$ によって組換えが抑制される領域が対合し，この領域内で遺伝子 b と c の間の単交叉がおきると仮定した場合，(2) 予想される2型の単組換え染色体 (R_1 と R_2)．

C. 同じ仮定の下，(1) $C_{ⅢB}$ によって組換えが抑制される領域内で遺伝子 b と c を挟む部位で二重交叉 (X) が起きた場合，(2) 予想される2型の二重組換え染色体 (R_3 と R_4)．

D. (1) 二重組換え染色体 R_4 と $C_{ⅢB}$ 染色体 (I) の接合体における遺伝子 b と c の間の単交叉の結果 (2) 検出された2型の単組換え染色体 (R_5 と R_6)．

標識遺伝子については三重ヘテロ接合体，$C_{ⅢB}$ についてはホモ接合体の雌バエを得た（図74D 左）．このハエを用いて実験Ⅰと同様な交配を行うと，次世代で遺伝子 b と c の間の単組換え体が得られた（図74D の R_5 と R_6）．こうして，$C_{ⅢB}$ は線状構造をもっており，そこでは，本来の順とは逆に，遺伝子が c - b と並んでいる「逆位」であることが遺伝学的に証明できた．

対合と単交叉：仮説 スターテヴァントが前記の実験結果①と②の説明として提唱した仮説に従って，図74B（1）に第一減数分裂前期の四分子期における $C_{ⅢB}$ 領域内の対合を示している．B（2）に示しているように，この逆位領域の対合を仮定すると，単交叉がもたらす2型の組換え染色体（R_1 と R_2）のいずれも，形態異常を伴うことになる．すなわち，いずれの組換え染色体でも，逆位領域を挟む両端2領域の一方が欠失し，他方が重複する．また，組換え染色体の一方 R_2 が無動原体になれば，他方が二動原体染色体 R_1 になる．これらの異常な染色体は次世代に伝わらないので，遺伝学的には単組換えがおきなかったことになり，上記の結果①を説明する．

同様に逆位領域の対合を想定すると，二重交叉は染色体構造を変えないことを示す結果②（図74C）と実験Ⅱの結果（D）も無理なく説明できた．

4.3.2 ビードルとスターテヴァントの研究

交叉の細胞学的証明 スターテヴァントが前項で紹介した研究で仮定した，減数分裂期の細胞における逆位の対合と単交叉は，マクリントック（1934）によるトウモロコシの研究において，細胞学的に証明された．彼女によると，逆位ヘテロ接合体は第一減数分裂前期で逆位領域のループ構造を形成し，領域内の単交叉の結果，無動原体染色体と**二動原体染色体**が形成される．

交叉の遺伝学的証明 ビードルとスターテヴァント（1935）は，ハエでも逆位のヘテロ接合体の逆位領域で単交叉がおきる遺伝学的証拠をいくつか得た．その1つが逆位ヘテロ接合体の付着X染色体を使った実験で得られた．この実験では，セントロメアを共有する非姉妹染色分体間の単交叉の結果，リング染色体が形成され，それをもつ次世代の雄バエの出現が逆位領域内の単交叉

4.3 逆位ヘテロ接合体

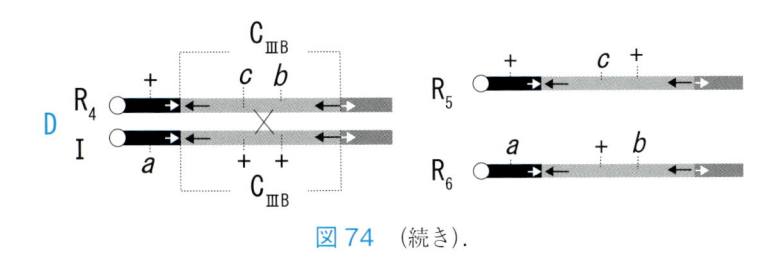

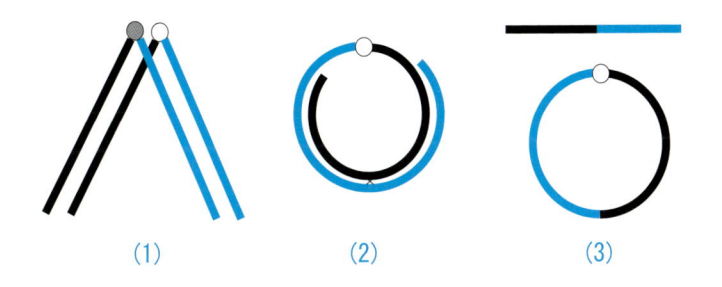

図74 （続き）.

図75 逆位ヘテロ接合の付着X染色体における対合と単交叉によるリング染色体の形成

図中，黒棒は正常X染色体．青棒はX染色体のほぼ全域にわたる逆位をもつX染色体．
(1) 四分子期における交叉をおこす前のヘテロ接合体．
(2) 逆位領域の対合によってループ構造を形成したヘテロ接合体における，セントロメアを共有している非姉妹染色分体間の相互的交叉(×)．
(3) この交叉の結果生ずるリング染色体と無動原体染色体．前者をもつ卵と多重標識されたX染色体をもつ精子の接合体が成虫雄として出現．この雄の表現型と精巣の細胞の観察からリング染色体の形成がわかる．後者は減数分裂の際に，細胞質に残されるため，遺伝しない．

を証明した(図75). このハエに伝わったリング染色体は, 普通の逆位ヘテロ接合体が形成する二動原体染色体に相当する

分断される二動原体染色体　マクリントック(1934)によると, トウモロコシでは, 二動原体染色体は, 第一減数分裂後期にセントロメアが紡錘糸によって反対方向にひっぱられるために, その力に耐えきれず分断される.

　ビードルたちは, 第1連鎖群の連鎖地図のほぼ全域で組換えを抑制する3種類の逆位をヘテロ接合でもつ雌バエが産んだ受精卵の孵化率を調べた. これらのヘテロ接合体では逆位断片内で確実に1回の交叉がおこり, 二動原体染色体と無動原体染色体ができる. もし, 前者が分断されると, およそ半数の卵の染色体構成が不均衡型になり, 受精卵の約50%が孵化できないと予想された(図76A).

分断されない二動原体染色体　しかし, いずれのヘテロ接合体の産んだ卵も90%以上が孵化した. この孵化率は普通の雌バエが産んだ卵と変わらない. この事実は, 図76B(3)に示しているように, 二動原体染色体は, 第一減数分裂後期に分断されないことを示す. この時期は相同染色体が分離する時期で, 本来なら, 図中で1対の灰色丸と1対の白丸で示しているセントロメアが別れなければならない. しかし, 白丸1つと灰色丸1つが組換え型の染色分体で繋がっていて, しかも分断されないので, そうはいかない. その結果, 卵母細胞にそのまま残るはめになる. では, 分断されなかった二動原体染色体はその後どうなって, どのような過程を経て, 正常な卵ができるのか?

「線状配列」モデル　この問いに対してビードルたちが提唱し, 後に証明されたモデルを図76B(4)に示している. そこでは, 第二減数分裂の後期における二動原体染色体, **無動原体染色体**, 2つの非組換え染色体の線状配列をしている. この時期は姉妹染色分体が分かれてそれぞれが染色体として独立し第二極体と卵に入る直前の時期である. この際, 本来ならば, 姉妹の関係にあったセントロメアは紡錘糸によって互いに逆方向に引っ張られるが, 二動原体染色体は身動きできない. そのため, 紡錘糸に引っ張られて動いた2つの非組換え染色体が線状配列の両端に位置することになり, 一方が極体に入ると, 他方は卵に入る. 2型の組換え染色体は細胞質に残される.

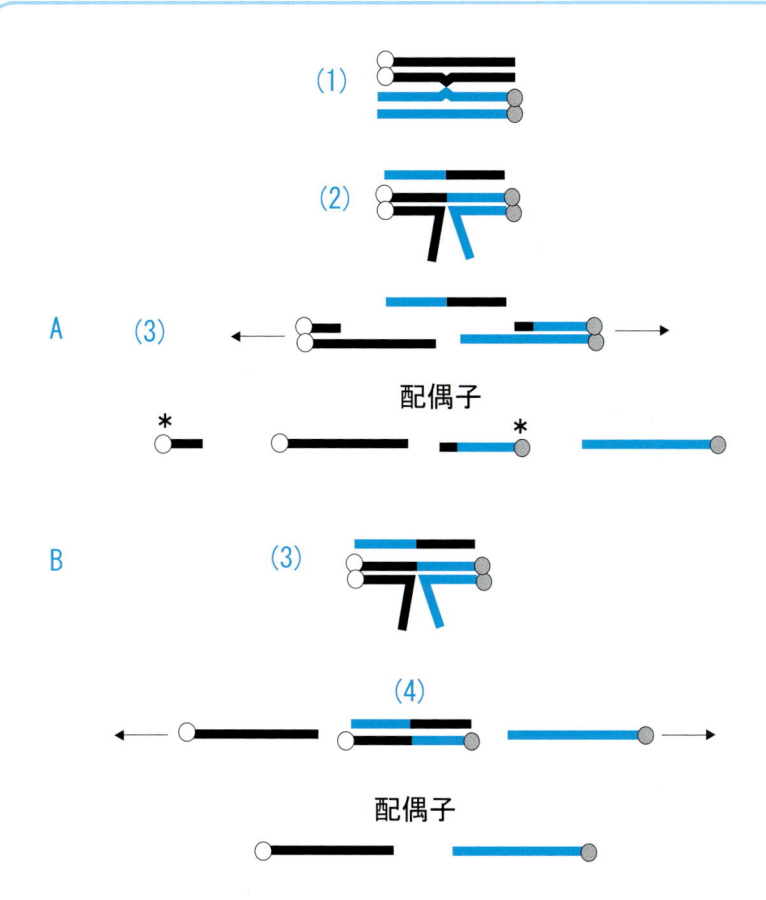

図 76 逆位ヘテロ接合体の四分子期 (1) でおきる単交叉と 2 型の組換え染色体（二動原体染色体と無動原体染色体）と非組換え染色体の第一減数分裂中期 (2)，後期 (3) および第二減数分裂後期 (4) における配列状態

A. 二動原体が分断される場合，生成される不均衡型の染色体構成をもつ 2 型の配偶子（*）と均衡型の染色体構成をもつ 2 型の配偶子．
B. 分断されない場合に均衡型の染色体構成をもつ配偶子のみが形成される事実を説明する「染色体の線状配列」モデル（ビードルとスターテヴァント，1935 を改写）．

エピローグ

ノーベル賞　ショウジョウバエの突然変異を代表する劣性致死を指標に選んでX線の変異原性を証明したマラーに1946年のノーベル生理学・医学賞が贈られた．広島と長崎へ原爆が投下された翌年である．

被爆二世の疫学調査　1948年，米国は両市に調査機関（後，日米共同運営の放射線影響研究所）を設けて，原爆放射線の遺伝的影響の疫学的調査を開始した．この調査で選ばれた主な指標は，遺伝的異常（常染色体異常，性染色体異数性，血液タンパク質の変異）に加えて，遺伝的要因が関わっている普通の疾患あるいは異常である「周産期異常」，「早期死亡」，および「若年性がん」である．1990年までの調査対象は被爆していない夫婦の子供たち（対照群）約14万人と被爆二世たち約6万人であった．被爆二世の親たちが受けた原爆放射線の推定線量の平均は0.4 Gyである．結果は，近藤（1998）の言葉を借りると，「放射線の遺伝的影響は必要無用」であった．

原発事故　1996年，チェルノブイリ原発事故（1986）による放射性降下物で高濃度汚染されたベラルーシのある地区で「1964年に生まれた79家庭の子供において，ある座位の超易変性反復DNA配列の突然変異率が2倍程度増加していた」という報告が一流誌に載った．著者たちは，ヒトにおける放射線の遺伝的影響を初めて明らかにしたと主張している．しかし，同じ「初めて」でも，マラーの科学的研究（1927）とは根本的に違う．

　実際，上記の被爆二世の調査を率いたニール（1999）は，英国在住のコーカサス人を対照群としている点，親の被曝線量が不明，動物実験との矛盾，表現型をもたない不安定なDNA指標などを指摘して，例の報告を厳しく批判した．決定的な反証は「親の被爆線量が平均1.7 Gyの被爆二世における類似の反復DNA配列の突然変異率が対照レベルであった」広島・長崎の事実である（2004）．それでも，ある遺伝学書（2005年，初版）では，「チェルノブイリ原発事故は大きな遺伝的影響を及ぼした」と記述している．被爆二世を苦しめている故なき偏見と**遺伝差別**の「チェルノブイリ」版を怖れる．

おわりに

　1940年から1960年代末まで「ショウジョウバエは死んでいた」といわれているが，この虫が死んでいたのではないことは，本書で時折登場したルイスのノーベル賞受賞 (1995) が証明している．彼によって代表される同時代の研究者たちは，1930年代末までに確立したハエ遺伝学の基盤に立って「遺伝学的解析が最も進んでいる生物」へとこの虫をさらに進化させた．おかげで分子生物学と遺伝子工学の思想と技術の導入によって再びハエが遺伝学の表舞台に登場し，今日に至っている．

　しかし，高校生物の教科書に「遺伝子導入」や「ノックアウトマウス」などの遺伝子工学の言葉がみられるようになった一方で，同じ教科書から「染色分体」が消えている現実がある．それでも，遺伝学は生命の理解を目指す全科学分野の基礎であると私は信じている．ハエ遺伝学の第一期黄金時代を紹介することで，現在，生命科学を学んでいる若い人たちに，この小さな虫を通して，遺伝学の基礎を身につけてほしいという願いを本書に込めた．内容に大きな偏りがあるとすれば，それは1930年代に始まった，突然変異から進化を理解する新しい流れにおけるハエ遺伝学の貢献に触れていない点である．

　本書を書きつつ若き日を思い出した．家庭と家計を顧みず突然変異研究に没頭していた私を物心両面から支えてくれた妻純子に本書を捧げる．

　本書の原稿を査読して，有益な助言をいただいた河合一明博士，加川尚博士，原稿作成に全面的助力をお願いした加川さやか氏に深く感謝する．ただし，本書の誤りはすべて私の責任である．

　最後になってしまったが，サイエンス社の田島伸彦氏には感謝の言葉がみつからない．彼の寛容のおかげで本書が出版にこぎつけた．

参考文献

(文献の後に青字で記している図番号は当該文献に掲載されていた関連図版を転載,模写あるいは改写して作成した本書の図を示している．また，章番号は当該文献を主に参考にした本書の章を示している．)

[1] Anderson, E. G. 1925. Crossing over in a case of attached X chromosomes in *Drosophila melanogaster. Genetics,* 10: 403-417.

[2] Ashburner, M. 1989. *Drosophila.* Cold Spring Harbor Laboratory Press, New York. 図50.

[3] Auerbach, C. 1976. *Mutation Research,* Chapman & Hall, London. 第4章.

[4] Beadle, G. W. and S. Emerson 1935. Further studies of crossing over in attached-X chromosomes of *Drosophila melanogaster. Genetics,* 20: 192-206. 図32.

[5] Beadle, G. W. and A. H. Sturtevant. 1935. X chromosome inversion and meiosis in *Drosophila melanogaster. Proc. Nat. Acad. Sci.,* 21: 384-390. 図75, 76.

[6] Bridges, C. B. 1914. Direct proof through non-disjunction that the sex-linked genes of Drosophila are borne by the X-chromosome. *Science,* 40: 107-109.

[7] Bridges, C. B. 1916. Nondisjunction as proof of the chromosome theory of heredity. *Genetics,* 1: 1-52, 107-163. 図13.

[8] Bridges, C. B. 1922. The origin of variations in sexual and sex-linked characters, *Amer. Nat,* 46: 51-63. 図38, 39, 41.

[9] Bridges, C. B. 1935. Salivary chromosome maps. *J. Hered.,* 26: 60-64. 図57 B.

[10] Bridges, C. B. 1936. The bar "gene" a duplication. *Science,* 83: 210-211. 図61.

[11] Bridges, C. B. 1938. A revised map of the salivary gland X-chromosome. *J. Hered.,* 29: 11-13. 図60.

[12] Creighton, H. B. and B. McClintock. 1931. A correlation of cytological and genetical crossing-over in *Zea mays. Proc. Nat. Acad. Sci.,* 17: 485-497.

[13] クロー, J. F. 2006.「遺伝学概説」第8版 (木村資生, 太田朋子共訳), 培風館, 東京. 第2章.

［14］ Dobzhansky, T. 1930. Translocations involving the third and the fourth chromosomes of *Drosophila melanogaster. Genetics,* 15: 347-399. 図46, 47A.

［15］ Emerson, S. and G. W. Beadle 1933. Crossing-over near the spindle fiber in attached X chromosomes of *Drosophila melanogaster. Z. induct. Abstamm. Vereb.,* 65: 129-140. 図31.

［16］ ハウレイ, R. S. と M. Y. ウオーカー 2005.「一歩進んだ遺伝学」(芹沢宏明 訳), 羊土社, 東京. 第2章.

［17］ ジャコブ, F. 2000.「ハエ，マウス，ヒト」(原章二 訳), みすず書房, 東京. 第1章, 第3章.

［18］ Kaufmann, B. P. 1933. Interchange between X- and Y-chromosomes in attached X females of *Drosophila melanogaster, Proc. Nat. Acad. Sci.,* 19: 830-838. 図29.

［19］ Lindsley, D. and G. G. Zimm 1992. *The Genome of Drosophila melanogaster.* Acaemic Press, San Diego. 第1章〜第4章.

［20］ McClintock, B. 1931. The order of the genes, *Sh* and *Wx* in *Zea mays* with reference to a cytologically known point in the chromosome, *Proc. Nat. Acad. Sci.,* 17: 485-491. 図54.

［21］ Morgan, L. V. 1922. Non-criss-cross inheritance in *Drosophila melanogaster. Biol. Bull.,* 42: 267-274. 図21A, 23.

［22］ Morgan, T. H. 1910. Sex limited inheritance in Drosophila. *Science,* 32: 120-122.

［23］ Morgan, T. H. 1911. Random segregation versus coupling in Mendelian inheritance. *Science,* 34: 384.

［24］ Morgan, T. H. 1919. *The Physical Basis of Heredity,* J. B. Lippincott Company, Philadelphia and London. 図1, 3, 6.

［25］ Morgan, T. H. 1934. The relation of genetics to physiology and medicine, *Nobel Lecture, June 4, 1934.* 図58C(2).

［26］ Morgan, T. H. and C. B. Bridges 1919. The origin of gynandromorphs, *Carn. Insti. Wash.,* publ. 278: 1-121. 図40A.

［27］ Morgan, T. H., A. H. Sturtevant, H. J. Muller and C. B. Bridges 1915 *The Mechanism of Mendelian Heredity.* Henry Holt and Co., New York. 図5, 15-18.

［28］ Muller, H. J. 1916. The mechanism of crossing-over. *Amer. Nat.,* 50: 193-434. 図9, 10.

[29] Muller, H. J. 1927. Artificial transmutation of the gene, *Science,* 46:84-87.

[30] Muller, H. J. 1928. The problem of genic modification. *Z. VererbLehre* Suppl. 1:234-260.

[31] Muller, H. J. 1928. The measurement of gene mutation rate in Drosophila, its high variability, and its dependence upon temperature. *Genetics,* 13:279-357. 図72.

[32] Muller, H. J. 1930. Types of visible variations induced by X-rays in Drosophila, *J. Genet.,* 22, 299-334. 図64.

[33] 中村禎里（編著） 1986.「遺伝学の歩みと現代生物学」, 培風館, 東京. 第1章.

[34] Oliver, C. P. 1932. An analysis of the effect of varying the duration of X-ray treatment upon the frequency of mutations, *Z. induct. Abstamm. Vereb.* 61: 447-488.

[35] Painter, T. S. 1933. A new method for the study of chromosome aberrations and the plotting of chromosome maps. *Science,* 78:58-586. 図59.

[36] Painter, T. S. 1934a. A new method for the study of chromosome aberrations and the plotting of chromosome maps in *Drosophila melanogaster, Genetics,* 19:175-188. 図57A(2), 58B(2).

[37] Painter, T. S. 1934b. The morphology of the X-chromosome in salivary glands of *Drosophila melanogaster* and a new type of chromosome map for this element, *Genetics,* 19: 448-469. 図58A(2).

[38] Painter, T. S. and H. J. Muller 1929. Parallel cytology and genetics of induced translocations and deletions in Drosophila. *J. Hered.,* 20: 287-298. 図44A(1), 45A.

[39] Sankaranarayanan, K. and F. H. Sobels 1976. Radiation genetics, in *The Genetics and Biology of Drosophila* (eds. by M. Ashburner and E. Novitski), vol. 1c, pp. 1089-1249, Academic Press, New York. 第4章.

[40] シャイン, I. と S. ローベル 1981.「モーガン」(徳永千代子, 田中克己 共訳), サイエンス社, 東京. 第1章, 第3章.

[41] Stern, C. 1931. Zytologisch-genetische Untersuchungen als Beweise für die Morgansche Theorie des Faktorenaustauschs. *Biol. Zentralbl.,* 51: 547-587. 図51B, 52, 53A.

[42] Sturtevant, A. H. 1913. The linear arrangement of sex-linked factors in Drosophila, as shown by their mode of association. *J. Exper. Zool.,* 14: 43-59. 図7．

[43] Sturtevant, A. H. 1925. The effects of unequal crossing over at the bar locus in Drosophila. *Genetics,* 10: 117-147.

[44] Sturtevant, A. H. 1926. A crossover reducer in *Drosophila melanogaster* due to inversion of a section of the third chromosome. *Biol. Zentralbl.,* 46: 697-702.

[45] Sturtevant, A. H. 1965. *A History of Genetics,* Cold Spring Harbor Laboratory Press, New York. 第1章〜第4章．

[46] 田中義麿 2008.「基礎遺伝学」改定第50版, 裳華房, 東京. 第1章, 第3章．

索 引

■あ行

アカパンカビ 74, 76-81, 161
イースト 76, 80, 82
異数性 32, 85, 86, 93
異数体 32, 35, 84, 85, 102, 114
位置効果 128, 130-133
遺伝カウンセリング 134
遺伝差別 170
遺伝子重複 128
遺伝子内組換え 46
遺伝子の欠失 98-100, 162
遺伝子の線状配列
　　14, 18, 22, 36, 94, 100, 110
遺伝子平衡説 84, 86, 88, 90-92
遺伝子変換 80-82
遺伝子粒子説 42, 45
遺伝子量補償 92-94
遺伝的に活性な領域 100, 120, 122
遺伝的に不活性な領域 100, 122
イントロン 46
塩基損傷剤 163
エンドウマメ 2, 4, 114
オオマツヨイグサ 4
オオムギ 136, 156

■か行

カイコガ 39
化学変異原 38, 144, 162, 163

核小体形成領域 67
獲得形質の遺伝 2
可視突然変異 38, 137, 140, 146, 151, 152,
　　154, 156, 160-163
花粉のヨード反応 118
干渉 20, 22, 24, 26, 27, 70, 74, 82
間性 87, 90, 91
間性バエ 85, 86, 88, 90, 92
完全連鎖 16, 17, 20, 22, 39
キアズマ 15, 16, 26
キアズマ型説 14, 15, 33, 34, 39, 48, 51,
　　64, 78, 80, 110
キアズマ干渉 26
逆位 95, 124, 125, 127, 132, 140, 144,
　　151, 159, 160, 164-169
逆位染色体 144, 146, 148, 149, 164
吸収線量 155
極体 62, 65, 168
均衡型 105, 106, 169
組換え修復 82
組換えの雌雄差 16
欠失 94, 95, 98, 99, 100, 124, 127, 128,
　　129, 131, 132, 159-163, 166
欠失X染色体 98-100
ゲノム 44, 134
限性遺伝 54, 55
原爆放射線 170
原発事故 170

交叉抑制因子 74, 124, 140, 144, 164, 165
高数性二倍体 85, 86, 96-98, 100
高倍数性 85, 122
高倍数体 85
混合遺伝 2, 5

■さ行
細胞学的地図 100-103, 108, 120, 124
三価染色体（六分子染色体） 50
サンショウウオ 14
三倍体 38, 50, 56, 69, 85, 88, 90-92
三倍体間性 88, 90
ジェンミュール 5
シス（配置） 133
シストロン 46
自然突然変異 136, 140, 148, 152
自然放射線 155
次端部動原体型（染色体） 54
次中部動原体型（染色体） 54
子嚢菌 78, 80
子嚢胞子 78, 79, 80
姉妹染色分体 15, 48, 49, 51, 54, 57, 58, 61, 66, 74-77, 81, 168
姉妹染色分体交換（SCE） 76
十文字遺伝 54
種の起源 3
詳細な構造地図 46
スイトピー 12, 14
性決定 39, 44, 86, 88, 90-93
性決定機構 93
性決定シグナル 92
精原幹細胞 161
精原細胞 54, 56, 57, 160, 161
性指数 90, 92
生殖幹細胞 161

性櫛 52, 88, 89
性の連続性 88
正倍数性 85
性比法 136, 138, 139, 154
性モザイク 88, 89
染色体欠失 100
染色体再配列 84, 94, 95, 96, 114, 118, 120, 124, 125, 128, 130, 133, 140, 156, 158, 160-162, 164
染色体消失 161
染色体説 14, 36, 39, 40, 42, 44, 48, 84, 100, 110
染色体切断 56, 57, 95, 97, 104, 106, 159, 160
染色体の欠失 98
染色中心 120, 122
染色分体 15, 16, 49, 50, 57, 59, 61-63, 68, 71, 73, 74, 76, 78, 79, 81, 110, 120, 122, 161, 168
染色分体交換 67, 161
センチモルガン 19
センチュウ 164
セントロメア 39, 49, 54, 56-58, 60, 62, 68, 71-73, 75, 97, 101, 103, 104, 108-111, 114, 122, 164-168
線量 137, 155-170
線量効果関係 156, 159
線量率効果 159-161
相互的交叉 62-64, 66, 68, 70, 72, 73, 167
相互転座 95, 96, 102, 111, 114, 117, 124, 127, 148, 154, 158

■た行
体細胞組換え 33, 56, 58
体細胞対合 30, 33, 120

索　引

体細胞不分離　54
大腸菌　82
唾液腺　120, 122
唾腺染色体　33, 56, 120, 122-129, 131, 132, 134, 162
唾腺染色体地図　124, 126, 127, 129, 134
多能性幹細胞　155
地図関数　27
中部動原体型（染色体）　54
超雄　85, 89, 90, 91
重複　94, 95, 128, 129, 131, 166
超雌　85, 89, 90, 91
低数性二倍体　85, 86
テロメア　96, 97, 102, 111
転座　93, 94, 96-98, 100-104, 106, 108, 110, 112, 114, 116, 117, 121, 124, 130, 132, 159, 160, 163
転座染色体　96, 97, 100, 102-108, 110, 111, 114, 116-118, 148
転座のヘテロ接合体　104-106, 146
転座ヘテロ接合体　96, 97, 104-106, 111, 117
トウモロコシ　97, 110, 114, 117, 118, 162, 166, 168
独立の法則　2, 12, 40, 42, 43, 104, 134
突然変異説　4
突然変異率　136, 137, 140, 148, 150-152, 170
トランス（配置）　133
トランスポゾン　7, 109, 111, 114, 163
トリソミー　84, 85, 96, 98, 100, 102
トリプロ -4　84-86, 102

■な行

ナイトロジェンマスタード　163
ナリソミー　85

二価染色体　15, 49, 58, 116
二次狭窄　67, 109, 122
二重組換え　20-27, 50, 64, 66, 68, 70, 72, 164-166
二重交叉　20, 24, 50, 68, 71-73, 75, 78, 80, 81, 165, 166
二動原体染色体　76, 97, 159, 166, 168, 169
二動原体リング染色体　76, 77
稔性　116
ノーベル生理学・医学賞　4, 77, 97, 114, 134, 170

■は行

肺炎双球菌　46
パキテン期　116, 117
バクテリア　82
バスク（Basc）法　145
ハプロ -4　84-87, 102
バランサー　148-151, 164
パンジェネシス説　5
半数体　78, 85, 90, 122
伴性遺伝　4, 8, 9, 10, 12, 28, 39, 54, 84
伴性遺伝子　8, 12, 16, 18, 21, 31, 56, 92-94, 140
伴性劣性致死　136-143, 145, 154, 157, 161 163,
半致死線量　155
半四分子分析　56, 58, 66, 76, 78, 80, 81, 94
非姉妹染色分体　58, 59, 62, 64, 66, 68, 70, 74-76, 82, 166, 167
非相互の組換え　80
非相互の交叉　60-64, 68, 70-72, 74, 75
被爆二世の疫学調査　170

標識遺伝子 34, 38, 56, 58, 60-62, 66, 69, 70, 74, 75, 90, 98, 99, 104, 106, 107, 118, 126, 138, 140, 141, 164
標的論 159
不均衡型 105, 106, 116, 168, 169
複合染色体 54, 58, 67, 80, 94, 95, 110, 112
複対立遺伝子 20, 22, 39, 133
付着X染色体 52, 56, 66, 67, 94, 97, 99, 156, 166, 167
物理学的地図 134
不等交叉 95, 126, 128, 131
不分離 28-36, 48, 51, 52, 54-69, 84, 86, 112
分断遺伝子 46
分離の法則 2, 6, 40, 41, 134, 144
平衡致死 148
併発係数 24, 25, 26, 27
ヘテロクロマチン 93, 100, 108, 109, 114, 122, 132
放射線 4, 7, 77, 95, 130, 136, 153, 154-156, 159-162, 164, 170

■ま行

マウス 160, 161
未熟卵母細胞 161
ミツバチ 90
無動原体染色体 166-169
メンデル遺伝 4, 5, 27, 38, 39, 40, 42, 44, 48
メンデルの法則 2-5, 39, 40, 114
モザイク 52, 53, 56, 89, 90, 93
モノソミー 84, 85

■や行

優性致死突然変異 154, 161
ユークロマチン 100, 109, 122, 132
誘発突然変異率 137
四価染色体 114, 116, 117
四倍体 85, 90
四分子期 48, 49, 58, 60-64, 71, 73, 74, 78, 81, 82, 166, 167, 169
四分子期交叉 48, 50, 64
四分子染色体 15, 51, 62
四分子分析 74, 76, 78, 80, 81

■ら行

ランダム交叉 74
リング染色体 74, 76, 77, 159, 166, 167
劣性致死 136-138, 140-142, 144-156, 158, 162, 164, 170
劣性致死突然変異 37, 38, 136

■欧文

ClB 染色体 142, 144
ClB 法 140, 143, 144, 151, 154, 163
Cy-Pm 法 146, 147, 148
Cy 染色体 144, 148, 151
DNA二重鎖切断修復モデル 82
G バンド 134
Pm 染色体 146
RecA 82
S型（位置効果）132
Spo 11 80, 82
V型位置効果 132, 146
XY対合 32, 36, 44, 67
X線 38, 56, 59, 82, 92, 96, 98, 130, 136, 137, 144, 146, 152-158, 160-163, 170

人名索引

■あ行

アーバック（Auerbach, C.）144, 163
アンダーソン（Anderson, E. G.）50, 56, 58-60, 62-64, 66-68, 94, 96
ウィシャウス（Wieschaus, E. F.）38
ウィルソン（Wilson, E. B.）39
ウィンクラー（Winkler, H.）80
ウッドワース（Woodworth, C. W.）7
エイブリー（Avery, O. T.）46
エマーソン（Emerson, S.）66, 68-70, 74, 76
エルフッシ（Ephrussi, B.）77
オリバー（Oliver, C. P.）46, 158

■か行

カウフマン（Kaufman, B. P.）67
キャスル（Castle, W. E.）7
キャッチサイド（Catcheside, D. G.）159
グリーン（Green, M. M.）46, 54, 56, 133
クレイトン（Creighton, H. B.）110, 114, 116, 118, 119, 121
クローザー（Crowther, J. A.）159
ゲルトナー（Gärtner, C. F.）3
コレンス（Correns, C.）2
近藤（宗平）170

■さ行

サットン（Sutton, W. S.）39, 84
シャイン（Shine, I.）7
ジャコブ（Jacobs, F.）4
シュルツ（Schultz, J.）92
スターテヴァント（Sturtevant, A. H.）18, 19, 22, 24, 26, 38, 106, 124, 126, 128, 130, 133, 164-166
スタドラー（Stadler, L. T.）136, 156, 162
スタール（Stahl, F. W.）152
スターン（Stern, C.）33, 58, 92, 94, 110, 112, 113, 115, 118, 120

■た行

ダーウィン（Darwin, C.）3-5
ターテム（Tatum, E. L.）77
田中（義麿）39
チモフェーエフ・レソフスキー（Timofeeff-Ressovsky, N. W.）158
チョブニク（Chovnick, A.）80
テイラー（Taylor, J. T.）76
ドブジャンスキー（Dobzhansky, T. G.）92, 100-102, 104, 106, 108, 110, 120
ド・フリース（de Vries, H. M.）2, 4
外山（亀太郎）39

■な行

ニュスライン・フォルハルト（Nusslein-Volhard, C.）38
ニール（Neel, J. V.）170

は行

ハイツ（Heitz, E.）108, 120, 122
バウエル（Bauer, H.）120
パネット（Punnett, R. C.）12
バルビアニ（Balbiani, E. G.）120
ハンソン（Hanson, F. B.）158
ビードル（Beadle, G. W.）66, 69, 70, 74, 76, 77, 166, 168, 169

索引

フィリップ（Bridges, P）126
フェーリング（Fölling, A.）134
ブリッジェス（Bridges, C. B.）6, 12,
　22, 28-30, 32, 36, 38, 48, 50, 58, 84-86,
　88, 90, 94, 108, 120, 126, 128-130, 146
フレミング（Flemming, W.）2
ペイン（Payne, F.）7
ペインター（Painter, T. S.）96-100, 108,
　120, 122, 124, 127, 134, 140
ベートソン（Bateson, W.）12, 14
ベンザー（Benzer, S.）46
ホールデン（Halden, J. B. S.）19

■ま行

マクリントック（McClintock, B.）97,
　110, 114, 116, 118, 119, 121, 162, 166,
　168
マラー（Muller, H. J.）22-24, 26, 27, 38,
　92, 94, 96-100, 110, 120, 124, 130, 136,
　137, 140, 144, 146, 148, 150, 152-156,
　158-164, 170
ミッチェル（Michell, M.）80
メセルソン（Meselson, M.）152
メッツ（Metz, C. W.）30, 33, 122
メンデル（Mendel, G. J.）2, 3, 114
モーガン（Morgan, T. H.）4, 6-10, 12,
　14, 16, 22, 26, 35, 36, 38-40, 77, 84, 126,
　134, 136

モーガン夫人（Morgan, L. V.）52-54,
　56, 57, 67, 74, 94
モノー（Monod, J. L.）4

■や行

ヤンセンス（Janssens, F. A.）14, 15

■ら行

ラザフォード（Rutherford, E.）153
ラッセル（Russell, W. L.）161
リー（Lea, D. E.）159
リンデグレン（Lindegren, C. C.）77,
　78, 80
ルイス（Lewis, E. B.）46, 132, 133
ルヴォフ（Lwoff, A. M.）4
ルッツ（Lutz, F.）7
レーダーバーグ（Lederberg, J.）82
レントゲン（Röntgen, W. C.）136
ロブソン（Robson, J. M.）144, 163
ローベル（Wrobel, S.）7

■わ行

ワイズマン（Weismann, A.）2

著者略歴

藤 川 和 男
(ふじかわ　かずお)

1971年　広島大学理学部卒業
1979年　広島大学大学院博士課程修了，理学博士
1983年　武田薬品工業(株)中央研究所
1992年　近畿大学原子力研究所助教授
2002年　近畿大学理工学部教授
現在，近畿大学大学院「遺伝カウンセラー養成課程」教授

主要著書

「環境と人体」II（共著）中馬一郎 他編，東京大学出版会，1983年．
「昆虫のバイオテクノロジーマニュアル」（共著）三宅端 他編，講談社サイエンティフィック，1984年．
"Evaluation of Short-term Tests for Carcinogens"（共著），Cambridge Univ. Press, 1988年．
「続 医薬品の開発」第11巻（共著）石館基 編，廣川書店，1994年．
「毒性試験講座」第12巻（共著）石館基 編，地人館，1994年．
「抗変異原・抗発ガン物質とその検索」（共著）黒田行昭 編，講談社サイエンティフィック，1996年．
「クロモソーム」（共著）福井毅一 他編，養賢堂，2006年．

新・生命科学ライブラリ－生物再発見8
ショウジョウバエの再発見
－基礎遺伝学への誘い－

2010年 8 月 10 日 ©　　　初 版 発 行

著　者　藤川和男　　　発行者　木下敏孝
　　　　　　　　　　　印刷者　中澤　眞
　　　　　　　　　　　製本者　関川安博

発行所　　株式会社　サイエンス社
〒151-0051　東京都渋谷区千駄ヶ谷1丁目3番25号
〔営業〕(03) 5474-8500 (代)　振替 00170-7-2387
〔編集〕(03) 5474-8600 (代)　FAX (03) 5474-8900

組版　イデア コラボレーションズ(株)
印刷 (株)シナノ　　製本　関川製本所
《検印省略》
本書の内容を無断で複写複製することは，著作者および出版者の権利を侵害することがありますので，その場合にはあらかじめ小社あて許諾をお求めください．

サイエンス社のホームページのご案内
http://www.saiensu.co.jp/
ご意見・ご要望は
rikei@saiensu.co.jp まで．

ISBN 978-4-7819-1258-5
PRINTED IN JAPAN

========新・生命科学ライブラリ========

生命科学Ⅲ　遺伝学
澤村京一著　　2色刷・A5・本体1950円

細胞の形とうごきⅤ
　　　細胞の運動と制御
大日方昂著　　2色刷・A5・本体2200円

細胞が生きるしくみⅡ
　　　細胞内シグナル伝達
金保安則著　　2色刷・A5・本体1600円

細胞の運命Ⅰ　真核細胞
山田正篤著　　2色刷・A5・本体2100円

細胞の運命Ⅲ　細胞の生死
中西義信著　　2色刷・A5・本体1500円

細胞の運命Ⅳ　細胞の老化
井出利憲著　　2色刷・A5・本体2000円

統合生命科学Ⅰ　細胞の分化
帯刀益夫著　　2色刷・A5・本体1900円

＊表示価格は全て税抜きです．

========サイエンス社========

━━━新・生命科学ライブラリ━━━

酵母のライフサイクル
－ノーベル賞にかがやいた酵母の話－
菊池韶彦著　2色刷・A5・本体1700円

細胞性粘菌のサバイバル
－環境ストレスへの巧みな応答－
漆原秀子著　2色刷・A5・本体1800円

入門 医工学
大島宣雄著　2色刷・A5・本体2600円

永遠の不死
－精子形成細胞の生物学－
小路武彦編著　2色刷・A5・本体2200円

ビジュアルバイオロジー
－細胞の蛍光イメージング－
原口・平岡共著　2色刷・A5・本体1800円

ナノバイオ入門
－ナノバイオロジーとナノバイオテクノロジー－
嶋本伸雄編　2色刷・A5・本体2000円

ゲノム創薬
－個別化医療とゲノムデータマイニング－
野村　仁著　2色刷・A5・本体1600円

＊表示価格は全て税抜きです．

━━━サイエンス社━━━

━━━━新生物学ライブラリ━━━━
よくわかる基礎生命科学
－生物学の歴史と生命の考え方－
　　　　　　八杉貞雄著　２色刷・Ａ５・本体1550円

よくわかる生命科学
－人間を主人公とした生命の連鎖－
　　　　　　石浦章一著　２色刷・Ａ５・本体1480円

よくわかる発生学
　　　　　　　　　　　　　　　　　近　刊

よくわかる細胞学
　　　　　　　　　　　　　　　　　近　刊

よくわかる生化学
－分子生物学的アプローチ－
　　　　　　藤原晴彦著　２色刷・Ａ５・本体1850円

よくわかる遺伝学
－染色体と遺伝子－
　　　　　　田中一朗著　２色刷・Ａ５・本体1850円

よくわかる生態学
　　　　　　　　　　　　　　　　　近　刊

よくわかる分子生物学
　　　　　　　　　　　　　　　　　近　刊

　　＊表示価格は全て税抜きです．
━━━━━━━サイエンス社━━━━━━━